激活码：6KXwd3ys

数据库应用技术

——Access程序设计

主　编◎蔡润芹　董万归

副主编◎陈建华　杨锦伟

U0305951

SHUJUKU YINGYONG JISHU

——ACCESS CHENGXU SHEJI

北京师范大学出版集团
北京师范大学出版社

图书在版编目(CIP)数据

数据库应用技术：Access 程序设计/蔡润芹，董万归主编. —北京：北京师范大学出版社，2023.1(2023.4 重印)
ISBN 978-7-303-28459-7

Ⅰ．①数… Ⅱ．①蔡… ②董… Ⅲ．①关系数据库系统-程序设计 Ⅳ．①TP311.138

中国版本图书馆 CIP 数据核字(2022)第 242903 号

图书意见反馈：gaozhifk@bnupg.com 010-58805079
营销中心电话：010-58802181 58805532

出版发行：北京师范大学出版社 www.bnup.com
北京市西城区新街口外大街 12-3 号
邮政编码：100088
印　　刷：河北品睿印刷有限公司
经　　销：全国新华书店
开　　本：787 mm×1092 mm　1/16
印　　张：15.25
字　　数：342 千字
版　　次：2023 年 1 月第 1 版
印　　次：2023 年 4 月第 2 次印刷
定　　价：42.80 元

策划编辑：赵洛育　　　　　　责任编辑：赵洛育
美术编辑：李向昕　　　　　　装帧设计：李向昕
责任校对：陈　民　　　　　　责任印制：赵　龙

内 容 简 介

本书以 Access 2016 数据库对象为主线，以"医院管理.accdb"为案例数据库来构建 Access 2016 的基本知识体系，重点介绍数据库的基本操作和实际应用。本书内容主要包括数据库基础知识、数据库和表、查询设计、窗体设计、报表设计、宏设计、VBA 程序设计基础。全书内容编排由浅入深、简明扼要、通俗易懂、图文并茂、直观生动，以应用能力为目的，强化应用为重点，理论联系实际。书中提供了大量的操作实例，并配有丰富的实例图片，在套配的习题集中每章均提供了对应的习题，以帮助读者快速掌握 Access 2016 数据库技术。

本书既可作为高等院校非计算机专业特别是医学类专业的教学用书，也可作为计算机专业和全国计算机等级考试参考用书。为了方便教学，以及读者进行网络学习与实训操作，本书编者还提供了配套的《数据库应用技术——Access 程序设计实验指导及习题集》，并制作了电子教学资源，包括课件、教学微视频、电子习题等。

前　言

随着信息通信技术的广泛运用，以及新模式、新业态的不断涌现，人类的社会生产生活方式正在发生深刻的变革，数字经济作为一种全新的社会经济形态，正逐渐成为全球经济增长重要的驱动力。党的十八大以来，以习近平同志为核心的党中央高度重视发展数字经济，将其上升为国家战略。习近平总书记指出："世界正在进入以信息产业为主导的经济发展时期。我们要把握数字化、网络化、智能化融合发展的契机，以信息化、智能化为杠杆培育新动能。"这是对利用信息技术推动国家创新发展的重要部署。习近平还提出："要构建以数据为关键要素的数字经济""做大做强数字经济，拓展经济发展新空间"。这为我们发挥好数据这一新型生产要素的作用、推动数字经济健康发展指明了方向。

数字经济是以数字化的知识和信息作为关键生产要素，以数据处理技术为核心驱动力量，因此，数据库技术成了数字产业化的核心关键技术。数据库技术是最为复杂、跨技术领域最多的关键基础技术，在数字经济时代其战略性、基础性的地位越发凸显，是数字基础设施的坚实底座，是数字化转型的核心引擎。

随着全球对数字经济和信息技术发展的高度重视，数据库技术在计算机应用中的地位和作用也显得更加重要。因此，在高等院校中有关数据库技术的课程备受重视，相关课程已成为各个专业的计算机公共基础必修课。《数据库应用技术》是培养学生利用数据库技术对数据和信息进行加工、管理和运用的实用课程。课程教育目标是使学生掌握数据库的基本操作和应用，能够开发简单的数据库应用系统，为运用数据库技术解决本专业实际问题打下良好的基础。

Access 2016 是 Microsoft Office 系列应用软件的一个重要组件，是一款运行在 Windows 平台上非常实用、备受用户欢迎的桌面数据库管理软件。目前，由于大多数企业办公所用的计算机系统中都安装了 Microsoft Office 2016 软件，因此有利于 Access 2016 的推广普及。本书主要面向 Access 2016 技术的初学者，精炼讲解了 Access 2016 数据库的基础知识、原理及操作技巧。

本书是在编者出版的《Access 数据库应用》基础上升级、改版修订而成的。全书以 Access 2016 数据库对象为主线，以"医院管理.accdb"为主要案例数据库来构建 Access 2016 的基本知识体系，重点介绍了数据库的基础知识和实际应用。全书内容主要分为 7 章，分别为第 1 章 数据库基础知识；第 2 章 数据库和表；第 3 章 查询设计；第 4 章 窗体设计；第 5 章 报表设计；第 6 章 宏设计；第 7 章 VBA 程序设计基础。本书内容编排由浅入深、简明扼要、通俗易懂、图文并茂、直观生动，充分考虑了非计算机专业的特点。书中还提供了大量的操作实例，以及丰富的实例图片。

参与本书编写的编者都是长期从事计算机课程教学的一线教师，具有丰富的教学经验，对学生的思维方式和学习习惯有着深刻的理解，能将理论教学与实际应用合理地结合起来，并在整个教学过程中有效实施。

本书由蔡润芹、董万归担任主编，陈建华、杨锦伟担任副主编，蔡润芹负责组织编写和全书统稿。参编人员分工如下：第1章、第2章由蔡润芹编写；第3章、第6章由陈建华编写；第4章、第5章由杨锦伟编写；第7章由董万归编写。此外，参与编写工作的还有"数据库应用技术"课程教学团队的部分教师，编写过程中还参考了一些优秀图书和网站文章，在此对这些参考资料的作者表示衷心的感谢。

本书既可作为高等院校非计算机专业特别是医学类专业的教学用书，也可以作为计算机专业和全国计算机等级考试参考用书。此外，为了方便教学和读者进行网络学习及实训操作，编者还编写了配套的《数据库应用技术——Access程序设计实验指导及习题集》一书，并制作了电子教学资源，包括课件、教学微视频、电子习题等。

由于编者水平有限，书中难免存在疏漏或不妥之处，敬请广大读者批评指正！

编者

2022 年 9 月

目　　录

第1章 数据库基础知识

 学习目标

❖ 了解数据库技术的产生与发展。
❖ 理解数据库系统的组成与特点。
❖ 熟悉关系模型的基础知识。
❖ 了解数据库的设计方法。
❖ 熟悉 Access 2016 操作环境。

在日常工作中，数据库与我们紧密相关，如打电话、访问网络、使用电子银行服务等，我们都会用到数据库。数据库技术是在 20 世纪 60 年代后期产生并发展起来的，是现代信息科学与技术的重要组成部分，是计算机数据处理与信息管理系统的核心。目前，数据处理已成为计算机应用的主要领域，数据库技术在计算机应用中的地位和作用日益重要。许多应用，如管理信息系统、决策支持系统、企业资源规划、客户关系管理、数据仓库和数据挖掘等都是以数据库技术作为重要的支撑。

数据库技术主要用于实现数据的存储、修改、查询和统计等，主要研究和解决计算机信息处理过程中大量数据如何有效组织和存储的问题，是计算机数据管理技术发展的最新阶段。在数据库系统中通过数据库管理系统对数据进行统一管理，从而减少数据存储冗余，实现数据共享，保障数据安全及高效检索和处理数据。

1.1 数据库技术的产生与发展

数据库是按照数据结构来组织、存储和管理数据的仓库。在日常工作中，常常需要把某些数据放进这样的"仓库"，并根据管理的需要对其进行相应的处理。数据库应用涉及数据、信息、数据处理和数据管理等基本概念。

1.1.1 数据与数据处理

人们在长期的社会活动中产生了大量的数据，如何对这些数据进行分类、组织、存储、检索和维护成为现实生活中的实际需要，只有在计算机成为数据处理的工具之后，才使数据处理现代化成为可能。

1. 数据

一般认为，数据(data)是对客观事物的某些特征及相互联系的一种抽象化、符号化表示，即数据是存储在某种媒体上用来描述事物的、能够识别的物理符号。数据有多种表现形式，不仅包括文字、数字、字母和其他特殊字符组成的文本形式的数据，还包括图形、图像、动画、声音、视频等多媒体数据，均可数字化后存入计算机。数据是有结构的，也有型与值的区别，型即类型，值即符合指定类型的值。

人们在日常生活中直接使用自然语言(如汉语)描述事物，在计算机中，为了存储和处理这些事物，就要选取这些事物的特征组成一个记录来描述它。例如，描述一个病人的数据可记录为"A0001""王小丫""30""女""北京市朝阳区""65001234"，含义是病人的编号为A0001，姓名是王小丫，年龄为30岁，女性，住址为北京市朝阳区，联系电话是65001234。

2. 信息

信息(information)是对客观事物属性的反映，是数据中包含的意义。它所反映的是客观事物的某一属性或某一时刻的表现形式，如成绩的好坏、温度的高低、质量的优劣等。通常，信息是经过加工处理并对人类社会实践和生产活动产生决策影响的数据。未加工处理的数据只是一种原始材料，只记录了客观世界的事实，只有经过提炼和加工，原始数据才能给以人们新的知识。

信息具有如下特征。

①信息是可以感知的。人类对客观事物的感知可以通过感觉器官，也可以借助各种仪器设备实现。不同的信息源有不同的感知形式，如书本信息可以通过视觉感知。

②信息是可以存储、传递、加工和再生的。人类可以利用大脑记忆信息，利用语言、文字、图像和符号等记载信息，借助纸张、各种存储设备长期保存信息，利用电视、广播和网络传播信息，对信息进行加工、处理后得到其他的信息。

③信息源于物质和能量。信息不能脱离物质而存在，信息的传递需要物质载体，信息的获取和传递需要消耗能量。没有物质载体，信息就无法存储和传递。

④信息是有用的。它是人们活动所必需的知识，利用信息能够克服工作中的盲目性，增加主动性和科学性。利用有用的信息，人们可以科学地处理事情。

数据与信息既有区别，又有联系。

① 数据是用来表示信息的，是信息的载体和具体表现形式。

② 信息是加工处理后的数据，是数据的内涵。

③ 信息有不同的数据表现形式，但不会随着表示它的数据形式而变化。

④ 数据本身没有意义，数据只有对实体行为产生影响时才会成为信息。

从某种意义上讲，数据就是信息，信息就是数据，二者在一定的条件下，可以相互转换。例如，通常说的"信息处理"与"数据处理"具有同义性。

3. 数据处理

信息表示成数据后，这些数据便被人们赋予了特定的含义，反映了现实世界事物的存在特性和变化状态。由于现实世界中的事物往往是相互关联的，基于这一事实，可以从已知数据出发，参照相关数据进行加工计算从而产生一些新的数据。这些新数据又表示了新的信息，并可以作为某种决策的依据。

综上所述，数据处理(data process)也称为信息处理，指将数据转换为信息的过程，即利用计算机对数据进行收集、存储、分类、计算、加工、检索和传播等的一系列活动。其目的是从大量的、杂乱无章的、难以理解的数据中整理出对人们有价值、有意义的信息，从而成为决策依据。

数据处理的核心问题是数据管理。计算机对数据的管理指对数据进行分类、组织、编码、存储、检索和维护等的一系列活动。数据管理的基本目的是实现数据共享，降低数据冗余，提高数据的独立性、安全性和完整性，从而更加有效地管理和使用数据资源。

在计算机系统中，人们通过计算机来存储数据；通过软件系统来管理数据；通过应用系统来加工处理数据。

1.1.2 数据库技术的发展过程

数据库技术用于实现数据管理，数据管理是数据处理的核心。数据库技术是随着计算机软硬件技术及数据管理技术的不断发展逐步形成的。数据库技术由低级到高级，大致经历了人工管理、文件系统、数据库系统和新型数据库系统4个阶段。

1. 人工管理阶段

在20世纪50年代中期以前，数据管理是以人工管理方式进行的。这个时期计算机主要用于科学计算，且计算能力十分有限，虽然也存在数据管理的功能，但是数据主要以人工管理的方式进行。当时，在硬件方面，外存只有纸带、卡片、磁带，没有直接存取设备；在软件方面，只有汇编语言(实际上，当时还未形成软件的整体概念)，没有操作系统及管理数据的软件；在数据方面，数据处理方式基本上是批处理，数据量小，数据无结构，由用户直接管理，而且数据间缺乏逻辑组织，数据依赖于特定的应用程序，缺乏独立性。这一阶段，数据管理任务完全由程序员负责，这就给程序设计人员增加了很大的负担。在这一阶段，数据和程序之间的关系如图1-1所示。

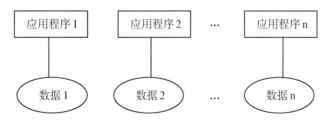

图1-1 人工管理阶段数据和程序之间的关系

人工管理阶段数据管理的特点如下。

(1)数据不保存

人工管理阶段处理的数据量比较少，一般不需要将数据长期保存，计算时会将数据随应用程序一起输入，计算完成并将结果输出后，数据和应用程序一起从内存中被释放。

若要再次进行计算，则需重新输入数据和应用程序。

（2）没有专用的数据管理软件

系统中没有专用的数据管理软件，数据需要由应用程序自行管理。每个应用程序不仅要规定数据的逻辑结构，而且要设计数据的物理结构，包括存储结构、存取方法、输入输出方式等，程序设计任务非常繁重。

（3）数据无法实现共享

数据有冗余，无法实现共享。一组数据对应一个程序，数据是面向应用的，即使两个程序用到相同的数据，也必须各自定义、各自组织，数据无法共享、无法相互利用和互相参照，从而导致程序和程序之间存在大量冗余数据。

（4）数据不具有独立性

由于程序对数据的依赖性，数据的逻辑结构或存储结构一旦有所改变，则必须修改相应的应用程序，数据完全不具有独立性。

2. 文件系统阶段

文件系统阶段是数据库系统发展的初始阶段。20 世纪 50 年代后期到 60 年代中期，计算机开始大量应用于数据管理工作。在这一阶段，计算机硬件方面出现了磁鼓、磁盘等可直接存取数据的存储设备；软件方面则出现了高级语言和操作系统。其中，操作系统中的文件系统能把计算机中的数据组织成相互独立的数据文件，可以按照文件的名称对其进行访问，对文件中的记录进行存取，并可以实现对文件的修改、插入和删除。因此，在这一阶段程序与数据有了一定的独立性，程序和数据分开存储，有了程序文件和数据文件的区别，数据可以被长期保存，并被多次存取。在这一阶段，数据和程序之间的关系如图 1-2 所示。

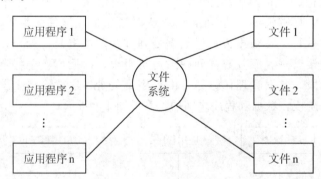

图 1-2　文件系统阶段数据和程序之间的关系

文件系统阶段数据管理的特点如下。

（1）数据可以长期保存

文件系统为应用程序和数据提供了一个公共接口，使应用程序可以采用统一的方法存取和操作数据。数据可以组织成文件，长期保存在外部存储器上并反复使用。应用程序可对文件进行检索、修改、插入和删除等操作。

（2）程序与数据之间有了一定的独立性

操作系统提供了文件管理功能和访问文件的方法，人们不必再考虑数据的物理存放位置，程序可以通过公共接口基于文件名访问数据，程序和数据之间有了一定的独立性。

（3）文件的形式多样化

由于已经有了直接存取数据的存储设备，文件也就不再局限于顺序文件，还有了索引文件、链表文件等，因此对文件的访问可以是顺序访问，也可以是直接访问。

（4）数据的操作以记录为单位

文件系统实现了记录内的结构，即给出了记录内各种数据间的关系，但是文件从整体来看却是无结构的。其数据面向特定的应用程序，因此数据的共享性、独立性、一致性差，且冗余度大，管理和维护的代价也很大。

3. 数据库系统阶段

20世纪60年代后期，随着计算机技术的进一步发展，计算机应用于管理的规模日趋庞大，数据量急剧增长，并且对数据共享的要求与日俱增。随着大容量磁盘系统的使用，使计算机联机存取大量数据成为可能，同时计算机硬件价格下降，软件价格上升，使独立开发系统和维护软件的成本增加，文件系统的管理方法已无法满足要求。为了解决独立性问题，实现数据统一管理，最大限度地实现数据共享，出现了统一管理和控制数据的数据库管理系统，数据库技术得到了快速发展。虽然数据库技术产生的时间不长，但在计算机科学中已逐步形成了数据库技术这一独立分支。在这一阶段，数据和程序之间的关系如图1-3所示。

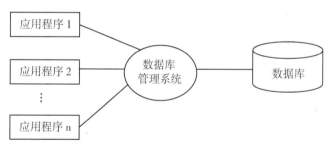

图1-3　数据库系统阶段数据和程序之间的关系

数据库系统阶段数据管理的特点如下。

（1）数据结构化

数据库系统采用数据模型表示复杂的数据结构。数据模型不仅要描述数据本身，还要描述数据之间的联系，这种联系是通过存取路径来实现的。这样，数据不再只针对某一特定应用，而是面向全组织，具有整体的结构性，共享性高，冗余度小，并且实现了数据的统一控制。

（2）数据独立性高

数据独立性指逻辑独立性和物理独立性。数据的逻辑独立性指当数据的总体逻辑结构改变时，数据的局部逻辑结构不变。由于应用程序是依据数据的局部逻辑结构编写的，所以应用程序不必修改，从而保证了数据与程序间的逻辑独立性。

数据的物理独立性指当数据的存储结构改变时，数据的逻辑结构不变，从而应用程序也不必改变。

（3）数据冗余度低

数据库系统中的重复数据被减少到最低程度，从而在有限的存储空间内可以存放更多的数据并减少存取时间。

（4）有统一的数据控制功能

为确保数据库数据的正确有效和数据库系统的有效运行，数据库系统提供了4方面的数据控制功能。

① 数据的安全性。防止非法使用数据造成数据的泄露和破坏，保证数据的安全和机密。

② 数据的完整性。系统通过设置一些完整性规则以确保数据的正确性、有效性和相容性。

③ 数据的并发控制。防止多用户同时存取或修改数据库时，因相互干扰而提供给用户不正确的数据，并使数据库受到破坏。

④ 数据的恢复功能。在数据库被破坏或数据不可靠时，系统有能力把数据库恢复到最近某个时刻的正确状态。

4. 新型数据库系统阶段

传统数据库技术的产生不是为了分析海量数据，而是为了数据记录、事务处理。当数据量不断膨胀之后，用户就会产生越来越多的分析需求，而传统数据库在分析处理数据时，其整体性能会大大降低。随着云计算和大数据时代的到来，行业数据和移动互联网应用对数据交易处理的实时性和规模提出了更高的要求。在性能和成本的双重压力之下，数据库需要寻找突破之路，面向不同应用的各种新型数据库应运而生。

新型数据库采用分布式并行计算架构，部署于x86通用服务器，满足大数据实时交易需求，成本低、扩展性高，突破了传统数据库的性能瓶颈。目前比较流行的新型数据库技术包括分布式数据库、面向对象数据库、多媒体数据库、数据仓库、数据挖掘、大数据等。

（1）分布式数据库系统

分布式数据库系统（Distributed DataBase System，DDBS）是数据库技术与计算机网络技术、分布处理技术相结合的产物。在移动互联网时代，某些数据处理场景中数据规模较大，如社交媒体应用中的用户关系数据，若用数据模型进行建模，其涉及的节点数可高达数亿。为了处理这类大规模数据，可以分而治之，即将数据分布式地存储在多台机器上分别进行处理。分布式数据库系统是地理上分布在计算机网络不同节点，逻辑上属于同一系统的数据库系统。其特点如下。

① 数据是分布的。数据库中的数据分布在计算机网络的不同节点上，而不是集中在一个节点。

② 数据是逻辑相关的。分布在不同节点的数据逻辑上属于同一数据库系统，数据间存在相互关联。

③ 节点的自治性。每个节点都有自己的计算机软硬件资源，包括数据库、数据库管理系统等，能够独立管理局部数据库。

（2）面向对象数据库系统

面向对象数据库系统（Object-Oriented DataBase System，OODBS）是面向对象程序设计技术与数据库技术相结合的产物。现实世界中存在着许多具有更复杂数据结构的实际应用领域，如多媒体数据、CAD 等数据应用领域，需要更高级的数据库技术来表达，以便管理、构造与维护大量的数据，并使它们能与大型复杂程序紧密结合，面向对象数据库系统应运而生。其特点如下。

① 面向对象数据模型能完整地描述现实世界的数据结构，能表示数据间嵌套、递归的联系。

② 具有面向对象技术的封装性和继承性特点，提高了软件的可重用性。

（3）多媒体数据库系统

多媒体数据库系统（Multimedia DataBase System，MDBS）是数据库技术与多媒体技术相结合的产物。随着信息技术的发展，数据库应用从传统的企业信息管理扩展到计算机辅助设计（Computer-Aided Design，CAD）、计算机辅助制造（Computer-Aided Manufacture，CAM）、办公自动化（Office Automation，OA）、人工智能（Artificial Intelligent，AI）等多种应用领域。这些领域中要求处理的数据不仅包括传统的数字、字符等格式化数据，还包括大量多媒体形式的非格式化数据，如图形、图像、声音等。这种能存储和管理多种媒体的数据库称为多媒体数据库。

多媒体数据库的结构及操作与传统格式化数据库有着很大差别。在多媒体信息管理环境中，不仅数据本身的结构和存储形式各不相同，而且不同领域对数据处理的要求也比一般事务管理复杂得多，因而对数据库管理系统提出了更高的功能要求。

多媒体数据库的特点如下。

① 信息量大。数据量巨大且媒体之间量的差异十分明显，从而使得数据在库中的组织方法和存储方法十分复杂。

② 媒体多样性。媒体种类的繁多使得数据处理变得非常复杂，而在具体实现时，数据往往根据系统定义、标准转换而演变成几十种媒体形式。

③ 管理复杂。多媒体不仅改变了数据库的接口，使其声、图、文并茂，而且也改变了数据库的操纵形式，查询的结果也不仅是一张表，而是多媒体的一组"表现"。接口的多媒体化对查询提出了更复杂、更友好的设计要求。

（4）数据仓库

随着客户机服务器技术的成熟和并行数据库的发展，信息处理技术实现了从大量的事务型数据库中抽取数据，并将其清理、转换为新的存储格式的过程，即为决策目标把数据聚合在一种特殊的格式中。随着此过程的发展和完善，这种支持决策的、特殊的数据存储被称为数据仓库（Data Warehouse，DW）。数据仓库是支持管理决策过程的、面向主题的、集成的、稳定的、随时间变化的数据集合。数据仓库涉及数据仓库技术、联机分析处理（On Line Analysis Processing，OLAP）技术和数据挖掘（Data Mining，DM）技术等内容。

数据仓库系统（Data Warehouse System，DWS）能够对异构数据源中的数据进行提取、过滤、加工和存储，以及响应用户的查询和决策分析请求。它采用全新的数据组织方式，能够对大量原始数据进行采集、转换、加工，并按照主题和维度将其重组转换为有用的信息，使系统能够面向复杂数据分析，为决策者进行全局范围内的战略决策和长期趋势分析提供有效的支持。

数据仓库具有如下特点。

① 面向主题。操作型数据库的数据组织面向事务处理任务，而数据仓库中的数据是按照一定的主题域进行组织的。主题指用户使用数据仓库进行决策时所关心的重点方面，一个主题通常与多个操作型信息系统相关。

② 集成的数据。数据仓库所需数据从原始数据中抽取、加工与集成，统一与综合后才能进入数据仓库。

③ 数据不可更新。数据仓库主要是为决策分析提供数据，所涉及的操作主要是数据的查询。

④ 数据随时间而变化。数据仓库是不同时间的数据集合，记录了从过去某一时间点到当前时间各个阶段的信息。数据仓库中的数据保存时限要能满足决策分析的需要，而且要标明该数据的历史时期。

（5）数据挖掘

数据挖掘（Data Mining，DM）又被称为数据库中的知识发现（knowledge discovery in dataBase），是一个从数据库中获取有效的、新颖的、潜在有用的、最终可理解的知识的复杂过程。简单来说，数据挖掘就是从大量数据中提取或挖掘知识。数据挖掘通常与计算机科学有关，并通过统计、在线分析处理、情报检索、机器学习、专家系统（依靠过去的经验法则）和模式识别等诸多方法来实现上述目标。

数据挖掘和数据仓库的协同工作，一方面可以迎合和简化数据挖掘过程中的重要步骤，提高数据挖掘的效率和能力，确保数据挖掘过程中数据来源的广泛性和完整性；另一方面数据挖掘技术已经成为数据仓库应用中极为重要和相对独立的工具之一。

数据挖掘的特点如下。

① 数据集大。只有数据集越大，得到的规律才能越贴近正确的实际规律，结果才越精确。

② 完整性差。数据挖掘运用的数据，往往都是不完整的。

③ 精确性低。在商业应用中，用户可能会提供假数据，称为噪声数据，它们对发掘工作有负面作用。

④ 含糊性。含糊性可以和不精确相关联。因为数据不精确，所以只能大体上对数据进行全面调查。

⑤ 随机性。随机性有两个解释，第一个是获取的数据随机，我们往往无法得知用户填写的到底是什么内容；第二个是剖析结果随机，数据交给机器进行判别和学习，一切操作都属于灰箱操作。

（6）大数据

随着互联网的发展，云时代的到来，大数据引起了很多人的关注。大数据（big data）又称为巨量数据、海量数据、大资料，指所涉及的数据量规模巨大，很难通过人工在合理时间内截取、管理、处理并整理成为人们所能解读的信息。大数据技术涵盖各类大数据平台、大数据指数体系等大数据应用技术。大数据是一种需要新处理模式才能具有更强的决策力、洞察发现力和流程优化能力的海量的、高增长率和多样化的信息资产。

对大数据而言，随着云计算技术、分布式处理技术、存储技术和感知技术的不断发展，这些原本很难收集和使用的数据开始容易被利用起来，逐步为人类创造更多的价值。

大数据具有以下特点。

① 数据量大。从 TB 级别跃升到 PB 级别(1 PB＝1024 TB)，或者从 PB 级别跃升到 EB 级别(1 EB＝1024 PB)。

② 数据多样性。例如，网络日志、视频、图片、地理位置信息等。

③ 处理速度快。1 秒定律(需要在秒级时间内给出分析结果，超出这个时间，数据就失去了价值)，可从各种类型的数据中快速获取高价值的信息。

④ 高价值回报。只要合理利用数据并对其进行正确、准确的分析，就会带来很高的价值回报。

1.2　数据库系统

数据库系统是引入了数据库技术后的计算机系统，用于实现有组织地、动态地存储大量相关数据，提供数据处理和信息资源共享的便利手段。它是为适应处理的需要而发展起来的一种较为理想的数据处理核心机构，是软件研究领域的一个重要分支。计算机的高速处理能力和大容量存储器提供了实现数据管理自动化的条件。数据库系统一般由硬件系统、数据库、数据库管理系统(及其相关软件)、数据库应用系统和人员组成。数据库系统的层次结构如图 1-4 所示。

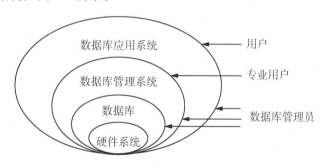

图 1-4　数据库系统层次结构示意图

1. 硬件系统

硬件系统是数据库系统的物理基础，指存储数据库及运行数据库管理系统的硬件资源，主要包括计算机主机、存储设备、输入/输出设备及计算机网络环境。硬件的配置应满足整个数据库系统的需要。硬件系统必须有软件的支持才能正常工作，支持软件主要包括操作系统、编译系统、应用开发工具软件和计算机网络软件等，其中操作系统是核心系统软件。

2. 数 据 库

数据库(DataBase，DB)是存储在计算机存储设备中结构化的、可共享的相关数据的集合。数据库不仅包括描述事物的数据本身，还包括相关事物之间的关系。通俗说，数据库就是存放数据的"仓库"，该仓库位于计算机存储设备上，而数据库中的数据必须按照一定的格式存入，以便于查询和存取。

数据库中的数据不局限于面向某一种特定的应用，而是面向多种应用，可以被多个用户、多个应用程序共享。其数据结构独立于使用数据的应用程序，对数据的增加、删除、修改和检索由数据库管理系统统一管理和控制，用户对数据库进行的各种操作均由数据库管理系统实现。

数据库具有如下特点。

① 数据库是具有逻辑关系和确定意义的数据集合。

② 数据库是针对明确的应用目标而设计、建立和加载的。每个数据库都具有一组用户，并为这些用户的应用需求服务。

③ 数据库反映了客观事物的某些方面，而且需要与客观事物的状态始终保持一致。

3. 数 据 库 管 理 系 统

数据库管理系统(DataBase Management System，DBMS)是用于数据库的建立、使用和维护的系统软件，是数据库系统的核心部分。它的职能是有效地组织和存储数据、获取和管理数据、接受和完成用户提出的各种数据访问请求。任何数据操作，包括数据库定义、数据查询、数据维护、数据库运行控制等都是在 DBMS 的管理下进行的。DBMS是用户与数据库的接口，应用程序只有通过 DBMS 才能和数据库交互。常见的数据库管理系统包括 Access、MySQL、SQL Server、Oracle、Sybase、DB2 等。

数据库管理系统的基本功能主要包括以下 4 个方面。

(1)数据定义

数据库管理系统提供了数据定义语言(Data Definition Language，DDL)，利用 DDL可以方便地对数据库中的相关内容进行定义。例如，对数据库、表、字段和索引进行定义、创建和修改。

(2)数据操纵

数据库管理系统提供了数据操纵语言(Data Manipulation Language，DML)，利用DML 可以实现在数据库中进行插入、修改和删除数据等基本操作。

(3)数据查询

数据库管理系统提供了数据查询语言(Data Query Language，DQL)，利用 DQL 可以实现对数据库的数据查询操作。

(4)数据控制

数据库管理系统提供了数据控制语言(Data Control Language，DCL)，利用 DCL 可以完成数据库运行控制功能，包括并发控制(即处理多个用户同时使用某些数据时可能产生的问题)、安全性检查、完整性约束条件的检查和执行、数据库的内部维护(如索引的自动维护)等。

4. 数据库应用系统

数据库应用系统(DataBase Application System，DBAS)是开发人员利用数据库系统资源开发的面向某一类实际应用的软件系统。很多信息系统均属于数据库应用系统，如教务管理系统、财务管理系统、图书管理系统等。不论是面向内部业务和管理的信息系统，还是面向外部，用以提供信息服务的开放式信息系统，都是以数据库为基础和核心的计算机应用系统。

5. 人员

数据库系统中的人员包括数据管理员(DataBase Administrator，DBA)和用户。数据库管理员是监督管理数据库系统的专门人员或管理机构，主要负责决定数据库中的数据和结构，决定数据库的存储结构和策略，保证数据库的完整性和安全性，监控数据库的运行和使用，进行数据库的改造、升级和重组等。用户又分为专业用户和最终用户。专业用户侧重于数据库、应用系统程序的设计和开发；最终用户侧重于对数据库的使用，主要通过数据库应用系统提供的界面使用数据库。

1.3 数据模型

数据库是现实世界中某种应用环境所涉及的数据的集合，不仅要反映数据本身的内容，还要反映数据之间的联系。由于计算机不能直接处理现实世界中的具体事物，所以必须将这些具体事物转换成计算机能够处理的数据。数据模型(Data Model，DM)就是从现实世界到机器世界的一个中间层次，是对现实世界具体事物的抽象和表示。

1.3.1 数据的抽象过程

从现实世界中的客观事物到数据库中存储的数据是一个逐步抽象的过程，这个过程经历了现实世界、观念世界和机器世界3个阶段，不同阶段采用不同的数据模型。先将现实世界的事物及其联系抽象成观念世界的概念模型，然后转换成机器世界的数据模型。概念模型并不依赖于具体的计算机系统，并非数据库管理系统所支持的模型，而是现实世界客观事物的抽象表示。概念模型经过转换后成为计算机上某一数据库管理系统支持的数据模型。所以说，数据模型是对现实世界进行抽象和转换的结果，数据的抽象过程如图1-5所示。

图 1-5　数据的抽象过程

1. 对现实世界中客观事物的抽象

现实世界就是客观存在的世界，其中存在着各种客观事物及其相互之间的联系，而且每个事物都有自己的特征或性质。该阶段计算机处理的对象是现实世界中的客观事物，在处理过程中，应先了解和熟悉现实世界，从对现实世界的调查和观察中抽象出大量描述客观事物的事实，再对这些事实进行整理、分类和规范，进而将规范化的事实数据化，最终交由数据库系统存储和处理。

2. 观念世界中的概念模型

观念世界是对现实世界的一种抽象，通过对客观事物及其联系的抽象描述，构造出概念模型。概念模型的特征是按用户需求对数据进行建模，表达了数据的全局逻辑结构，是系统用户对整个应用项目涉及的数据的全面描述。概念模型主要用于数据库设计，独立于数据库管理系统。也就是说，无论选择何种数据库管理系统，都不会影响概念模型的设计。

概念模型的表示方法有很多，目前较常用的是实体联系模型（Entity Relationship Model，E-R 模型）。E-R 模型主要用 E-R 图来表示。

3. 机器世界中的逻辑模型和物理模型

机器世界是现实世界在计算机中的体现与反映。现实世界中的客观事物及其联系，在机器世界中以逻辑模型来描述。在选定数据库管理系统后，接下来就要将 E-R 图表示的概念模型转换为具体的数据库管理系统支持的逻辑模型。逻辑模型的特征是按计算机实现的观点对数据进行建模，表达了数据库的全局逻辑结构，是设计人员对整个应用项目数据库的全面描述。逻辑模型服务于数据库管理系统的应用实现，通常我们把数据的逻辑模型直接称为数据模型。

物理模型是对数据底层的抽象，用以描述数据在物理存储介质上的组织结构，与具体的数据库管理系统、操作系统和硬件有关。

从概念模型到逻辑模型的转换是由数据库设计人员完成的，从逻辑模型到物理模型的转换是由数据库管理系统完成的，一般人员不必考虑物理实现细节。逻辑模型是数据库系统的基础，也是应用过程中要考虑的核心问题。

1.3.2 概念模型

现实世界中存在各种事物，事物与事物之间存在着联系，这种联系是客观存在的，由事物本身的性质所决定。分析某种应用环境所需的数据时，总是要先找出涉及的实体及实体之间的联系，进而得到概念模型，这是数据库设计的前导。

1. 实体

实体（enity）是客观存在并且可以相互区别的事物。实体可以是实际的事物（如一名学生、一位医生、一种商品等），也可以是抽象的事件（如学生选课、病人就诊、一场篮球比赛等）。

2. 属性

每个实体都具有一定的特征或性质，这样才能区分彼此。描述实体的特性称为属性(attribute)，如医生的编号、姓名、性别、职称、工作时间等。

3. 实体型和实体集

属性和实体都有类型，属性值的集合表示一个实体，而属性的集合表示一种实体的类型，称为实体型。实体型就是实体的结构描述，通常是实体名和属性名的集合。

同类型的实体的集合称为实体集(entity set)，如医生(医生编号，姓名，性别，职称，工作时间，科室编号，医生简介)是一个实体型，而对于医生来说，全体医生就是一个实体集，某一个具体的医生就是一个实体。

4. 值和值域

属性有类型(type)和值(value)之分。属性类型就是属性取值类型，属性值就是属性所取的具体值。例如，医生实体中的"姓名"属性，取字符类型的值是其属性类型，而"王五""李四"等是其属性值。

每个属性都有特定的取值范围，即值域(domain)，超出值域的属性值则认为无实际意义。例如，"姓名"的取值范围是文字字符；"性别"只能取"男""女"两值之一。

由此可见，属性类型是个变量，属性值是变量所取的值，而值域是变量的取值范围。实体值是一个具体的实体，是属性值的集合。

例如，医生实体类型是"医生(医生编号，姓名，性别，职称，工作时间，科室编号)"，其中"医生"是实体名。

医生"王五"的实体值是("A005"，"王五"，"男"，"主任医师"，♯1998/7/1♯，"003")

在 Access 2016 中，用"表"来表示同一类实体，即实体集；用"记录"来表示一个具体的实体；用"字段"来表示实体的属性。显然，字段的集合组成一条记录，记录的集合组成一张表，实体类型则代表了表的结构。

5. 实体间的联系

实体之间的对应关系称为联系，它反映了现实世界中的客观事物之间的相互关联关系。

实体间的联系指一个实体集中可能出现的每一个实体与另一个实体集中多少具体实体存在联系。实体之间的联系有以下 3 种类型。

(1)一对一联系

如果对于实体集 A 中的每一个实体，实体集 B 中至多只有一个实体与之联系，反之亦然，则称实体集 A 与实体集 B 具有一对一联系，记为 1:1。例如，对于"学校"和"校长"这两个实体集，如果一个学校只能有一位校长，一位校长不能同时在其他学校兼任校长，则"学校"与"校长"之间就是一对一联系。

(2)一对多联系

如果对于实体集 A 中的每一个实体，实体集 B 中可以有多个实体与之联系，而对于实体集 B 中的每一个实体，实体集 A 中至多只有一个实体与之联系，则称实体集 A 与实

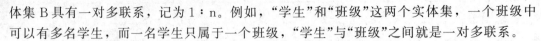

体集 B 具有一对多联系，记为 1∶n。例如，"学生"和"班级"这两个实体集，一个班级中可以有多名学生，而一名学生只属于一个班级，"学生"与"班级"之间就是一对多联系。

（3）多对多联系

如果对于实体集 A 中的每一个实体，实体集 B 中可以有多个实体与之联系，而对于实体集 B 中的每一个实体，实体集 A 中也有多个实体与之联系，则称实体集 A 与实体集 B 具有多对多联系，记为 m∶n。例如，"学生"和"课程"这两个实体集，一名学生可以选修多门课程，而一门课程可以被多名学生选修，"学生"与"课程"之间就是多对多联系。

6. E-R 图

概念模型是反映实体及实体之间联系的模型。在建立概念模型时，要逐一给实体命名以示区别，并描述它们之间的各种联系。E-R 图是一种以直观的图形方式建立现实世界中实体及其联系模型的工具，也是数据库设计中常用的一种基本工具。

E-R 图用矩形框表示现实世界中的实体，用菱形框表示实体间的联系，用椭圆形框表示实体和联系的属性，实体名、属性名和联系名分别标识在相应框内。对于作为实体标识符的属性，则在其属性名下画一条横线。实体与相应的属性之间、联系与相应的属性之间用线段连接。联系与其涉及的实体之间也用线段连接，同时在线段旁标注联系的类型(1∶1、1∶n 或 m∶n)。

1.3.3 数据模型简介

E-R 模型只能说明实体间语义的联系，还不能进一步说明详细的数据结构。在进行数据库设计时，总是先设计 E-R 模型，然后将其转换成计算机能实现的逻辑数据模型，如关系模型。

数据模型是数据特征的抽象，描述了系统的静态特征、动态行为和约束条件，用以为数据库系统的信息表示与操作提供了一个抽象的框架。

数据模型包括数据结构、数据操作和数据约束 3 部分。

① 数据结构主要描述数据的类型、内容、性质及数据间的联系等。

② 数据操作主要描述相应数据结构上的操作类型及操作方式。

③ 数据约束主要描述数据结构内数据间的语法、语义联系，它们之间的制约与依存关系，以及数据动态变化的规则，用来保证数据的正确、有效与相容。

任何数据库管理系统都基于某种数据模型，常见的数据模型有层次模型、网状模型和关系模型 3 种。

1. 层次模型

层次模型是数据库系统中最早出现的数据模型，用树形结构表示实体及其之间的联系。层次模型用图来表示是一棵倒置的树，根据树形结构的特点，建立数据的层次模型需要满足如下两个条件。

(1)有一个节点没有父节点，这个节点就是根节点。

(2)其他节点有且仅有一个父节点。

层次模型的特点是各实体之间的联系通过指针来实现，查询效率较高，关系的描述非常自然、直观，容易理解。但由于受到如上所述的两个条件的限制，层次模型可以方便地表示一对一和一对多的实体联系，但不能直接表示多对多的实体联系。如图1-6是一个院或系的层次模型示意图。

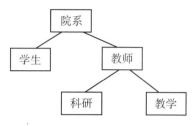

图1-6 层次模型示意图

2. 网状模型

网状模型使用有向图来表示各实体及其之间的联系。网状模型是一种可以灵活地描述事物及其之间关系的数据库模型，对多对多联系也容易实现，但是当实体集和实体集中实体数目较多时，管理工作会变得复杂，使用也比较麻烦。其特点如下。

① 可以有一个以上的节点无父节点。

② 至少有一个节点有多于一个的父节点。

在网状模型中，子节点与父节点的联系可以不唯一，因此要为每个联系命名，并指出与该联系有关的父节点和子节点。网状模型示意图如图1-7所示。

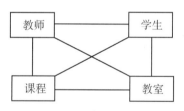

图1-7 网状模型示意图

3. 关系模型

关系模型使用二维表格来表示实体和实体间的联系。在关系模型中，把实体集看作一张二维表，每一张二维表称为一个关系，每个关系有一个关系名。关系模型是由若干个关系模式组成的集合，相当于前面提到的实体类型，它的实例称为关系。例如，"医生"实体集对应的关系模式为"医生(医生编号，医生姓名，医生性别，医生职称，工作时间，科室编号)"，其关系实例如表1-1所示。

表1-1 医生关系实例

医生编号	医生姓名	医生性别	医生职称	工作时间	科室编号
A001	王志	男	助理医师	1999年1月22日	007
A002	李娜	女	主任医师	1968年2月8日	003

续表

医生编号	医生姓名	医生性别	医生职称	工作时间	科室编号
A003	王永	男	主任医师	1965 年 6 月 18 日	006
A004	田野	女	副主任医师	1974 年 8 月 20 日	005
A005	吴威	男	副主任医师	1970 年 1 月 29 日	004
A006	王之乾	男	助理医师	1990 年 11 月 28 日	008
A007	张凡	男	医师	1998 年 6 月 15 日	012

关系模型的特点是数据结构简单、容易理解，且建立在严格的数学理论基础上，是目前比较流行的一种数据模型。

1.4 关系数据库

用二维表表示实体和实体间联系的数据模型称为关系模型，采用关系模型来组织数据的数据库称为关系数据库。本书讨论的 Access 2016 就是一种关系数据库管理系统。

1.4.1 关系模型基本概念

关系模型的基本数据结构是关系，关系在 E-R 模型中对应实体集，在数据库中对应表，因此二维表、实体集、关系、表指的是同一概念，只是使用场景不同而已。

1. 关系

关系(relationship)就是一张没有重复行、重复列，并且每个行列的交叉点只有一个基本数据的二维表格，即一个关系就是一张二维表。严格来说，关系是一种规范化了的二维表格。关系模型中对关系有一定的要求，关系必须具有以下特点。

① 关系必须规范化。规范化指关系模型中的每一个关系模式都必须满足一定的要求，最基本的要求是每个属性必须是不可分割的数据单元，即表中不能再包含表。

② 列是同质的，即每一列中的分量是同一类型的数据，来自同一个域。

③ 在同一个关系中不能出现相同的属性名，Access 不允许同一张表中有相同的字段名。

④ 关系中不允许有完全相同的元组。在一张表中不应该保存两条完全相同的记录。

⑤ 在一个关系中元组的次序无关紧要。任意交换两行的位置并不影响数据的实际含义。

2. 元组

二维表中的每一行在关系中称为元组(tuple)，用于描述现实世界中的一个实体。一个元组对应 Access 表中的一条具体记录。

3. 属性

二维表中的每一列称为属性，每一列有一个属性名，在 Access 中表示为字段名。一个属性可以包括多个属性值，只有在指定元组的情况下，属性值才是确定的。属性必须是不可再分的，即属性是一个基本的数据项，不能是几个数据的组合项。

4. 关键字

关系中能够唯一地区分、确定不同元组的属性或属性的组合称为该关系的关键字(key)，也称键或码。在 Access 中表示为字段或字段的组合。关键字的值不能取"空值"，因为"空值"无法唯一区分、确定元组。

关系中能够作为关键字的属性或属性的组合可能不是唯一的，所有能够唯一地区分、确定不同元组的属性或属性的组合统称为候选关键字。可在候选关键字中选定一个作为关键字称为主关键字，也称主键。例如，学生表中的关键字是"学号"字段。

5. 外部关键字

在一个数据库中，如果表中的一个字段不是本表的主关键字或候选关键字，而是另外一张表的主关键字或候选关键字，则称该字段为外部关键字(foreign key)。在关系数据库中，用外部关键字表示两个表之间的联系。例如，在表 1-1 的医生关系中，"科室编号"是外部关键字。

从集合论的观点来定义，可以将关系定义为元组的集合。关系模式是命名的属性集合，元组是属性值的集合，一个具体的关系模型是若干个有联系的关系模式的集合。在 Access 中，一个数据库中包含了相互之间存在联系的多张表，这个数据库文件就对应一个实际的关系模型。

1.4.2 关系运算

在关系模型中，数据是以二维表格的形式存在的，这是一种非形式化的定义。由于关系是属性个数相同的元组的集合，因此可以从集合论的角度对关系进行集合运算。利用集合论的观点，关系是元组的集合，每个元组包含的属性数目相同，其中属性的个数称为元组的维数。通常，元组用圆括号括起来的属性值表示，属性值间用英文逗号隔开，如("A005","王五","男","主任医师"，♯1998/7/1♯，"003")。

关系数据库语言的核心是查询，而查询要表示为一个关系运算表达式。因此，关系运算是关系数据库语言的基础。关系运算是用关系运算符对两个对象进行比较，表示两者之间关系的一种运算。关系运算的对象是一个关系，运算结果仍是一个关系。关系基本运算分为两类，一类是传统的集合运算(并、差、交等)，另一类是专门的关系运算(选择、投影、连接等)。

1. 传统的集合运算

设有两个相同结构的关系 R 和 S。

(1)并运算

并运算的结果是两个相同结构的关系中所有元组的集合。插入操作可看作关系的并运算，即在原有的关系 R 中并入要插入的关系 S 中的元组。R 与 S 的并运算记作 R∪S。

（2）差运算

差运算的结果是由属于 R 但不属于 S 的元组组成的集合。删除操作可看作关系的差运算的结果，即在原有的关系 R 中减去要删除的 S 中的元组。R 与 S 的差运算记作 R−S。

（3）交运算

交运算的结果是两个相同结构的关系中同属于两个关系的元组的集合。R 与 S 的交运算记作 R∩S。实际上交运算可以通过差运算的组合来实现，如 R∩S=R−（R−S）或 R∩S=S−（S−R）。

2. 专门的关系运算

（1）选择

选择是从一个关系中找出满足给定条件的元组的操作。选择操作的条件是逻辑表达式，操作的结果是使逻辑表达式的值为真的元组。例如，显示医生表（见表 1-1）中所有男医生的信息，其选择运算结果如表 1-2 所示。

表 1-2　选择运算结果

医生编号	医生姓名	医生性别	医生职称	工作时间	科室编号
A001	王志	男	助理医师	1999 年 1 月 22 日	007
A003	王永	男	主任医师	1965 年 6 月 18 日	006
A005	吴威	男	副主任医师	1970 年 1 月 29 日	004
A006	王之乾	男	助理医师	1990 年 11 月 28 日	008
A007	张凡	男	医师	1998 年 6 月 15 日	012

（2）投影

投影是从一个关系中指定若干个属性组成新的关系的操作。投影操作是从列的角度对元组进行运算，相当于对关系进行垂直分解。经过投影运算可以得到一个新的关系，其关系模式所包含的属性数量通常比原关系少，或者与原关系的属性排列顺序不同。例如，显示医生表中"医生编号""医生姓名""医生性别"3 个属性的所有值，其投影运算结果如表 1-3 所示。

表 1-3　投影运算结果

医生编号	医生姓名	医生性别
A001	王志	男
A002	李娜	女
A003	王永	男
A004	田野	女
A005	吴威	男
A006	王之乾	男

医生编号	医生姓名	医生性别
A007	张凡	男
A008	张乐	男

（3）连接

连接指把两个关系中属性满足一定条件的元组横向结合形成一个新的关系，新关系中包含满足连接条件的元组。例如，将病人表（见表1-4）和就诊表（见表1-5）根据"病人编号"连接成一张表，这样医生和病人信息就联系在一起，其运算结果如表1-6所示。

表1-4 病人表

病人编号	病人姓名	病人性别
10001	王文新	男
10002	王玉	男
10003	李向红	女
10004	吴颂	男

表1-5 就诊表

就诊ID	病人编号	就诊日期	医生编号
1	10001	2017/7/10	A001
2	10002	2017/9/1	A009
3	10003	2018/2/4	A002
4	10004	2018/5/10	A008

表1-6 连接运算结果

病人编号	病人编号	姓名	性别	就诊ID	就诊日期	医生编号
10001	10001	王文新	男	1	2017/7/10	A001
10002	10002	王玉	男	2	2017/9/1	A009
10003	10003	李向红	女	3	2018/2/4	A002
10004	10004	吴颂	男	4	2018/5/10	A008

（4）自然连接

在连接运算中，以两个关系的属性值对应相等为条件进行的连接操作称为等值连接，删除重复属性的等值连接称为自然连接。自然连接利用两个关系中的公共属性或语义相同的属性，把该属性值相等的元组连接起来，自然连接是常用的连接运算之一。例如，在表1-6中删除重复的一列"病人编号"的结果就是自然连接。

Access 2016中的查询是高度非过程化的，用户不需要关心怎样去查询，系统会自动

对查询过程进行优化，通过关系运算实现对多张相关联的表的快速存取。

1.4.3　关系的完整性约束

为了保证数据库中的数据与现实世界中的数据一致，数据库管理系统提供了一种数据监测控制机制，以防止不符合规则的数据进入数据库。这种机制允许用户按照具体应用环境定义自己的数据有效性和相容性条件或规则，在对数据进行插入、删除、修改等操作时，数据库管理系统自动按照用户定义的条件或规则对数据实施监测，以确保数据库中存储的数据正确、有效、相容。这种监测控制机制称为数据完整性保护，用户定义的条件或规则称为完整性约束条件。在关系模型中，数据完整性包括实体完整性、参照完整性和用户自定义完整性。

1. 实体完整性

实体完整性（entity integrity）指关系的主关键字不能取重复值或"空值"（"空值"是"不知道"或"无意义"的值）。一个关系对应现实世界中的一个实体集。现实世界中的实体是可以相互区分、识别的，即它们应具有某种唯一性标识。在关系模式中，以主关键字作为唯一性标识，而主关键字中的属性不能取空值，否则表明关系模式中存在着不可标识的实体，这与现实世界的实际情况相冲突，这样的实体不是一个完整实体。按实体完整性规则要求，主属性不得取空值，如果主关键字是多个属性的组合，则所有主属性均不得取空值。

2. 参照完整性

参照完整性（referential integrity）指定义建立关系之间联系的主关键字与外部关键字引用的约束条件。关系数据库中通常包含多个相互联系的关系，关系与关系之间的联系是通过公共属性来实现的。所谓公共属性，指它既是一个关系 R（称为被参照关系或目标关系）的主关键字，同时又是另一个关系 S（称为参照关系）的外部关键字。如果参照关系 S 中外部关键字的取值，要么与被参照关系 R 中某元组主关键字的值相同，要么取空值，则在这两个关系间建立关联的主关键字和外部关键字的引用符合参照完整性规则要求。如果参照关系 S 的外部关键字也是其主关键字，根据实体完整性要求，主关键字不得取空值，因此参照关系 S 外部关键字的取值实际上只能取相应被参照关系 R 中已经存在的主关键字值。

3. 用户自定义完整性

实体完整性和参照完整性适用于任何关系型数据库系统，主要是针对关系的主关键字和外部关键字取值必须有效而做出的约束，它们由系统自动支持。用户自定义完整性（user defined integrity）则是根据应用环境的要求和实际的需要，对某一具体应用所涉及的数据提出约束性条件，如规定关系中某一属性的取值范围。这一约束机制一般不应由应用程序提供，而应由关系模型提供定义并检验，用户自定义完整性主要包括字段有效性约束和记录有效性约束。

1.5 数据库设计基础

数据库设计指根据用户需求，在某一具体数据库管理系统支持下设计数据库结构和建立数据库的过程。即将现实世界中的数据，根据各种应用处理的要求，加以合理地组织，以满足硬件和操作系统的特性，利用已有的数据库管理系统来建立能够实现系统目标的数据库的过程。

1.5.1 数据库设计的步骤

数据库设计的最终目的是设计出符合实际应用需要的关系数据库，在数据库管理系统 Access 中则是设计合理的数据库和表结构及其联系。数据库设计可以分为 5 个步骤，即总体设计、数据表设计、表结构设计、表间关系设计、优化设计。

1. 总体设计

创建数据库之前，第一个步骤是确定数据库的用途，专业术语称为"需求分析"，即开发者需要确定希望从数据库中得到什么信息。该步骤的重点是系统设计人员和用户进行沟通、交流，以调查、收集与分析用户在数据管理中的信息需求、处理要求及数据安全性和完整性要求，从而确定系统要实现的功能及操作方式。需求分析是数据库设计中最基础的阶段，也是最复杂、最重要的一步，决定了后续各阶段设计的速度与质量，即需求分析结果是否准确反映用户的实际要求将直接影响后续各阶段的设计，以及设计结果是否合理和实用，极端情况下甚至会导致整个数据库设计返工重做。

2. 数据表设计

数据表设计是数据库设计过程中最重要的一个环节，也是最难处理的一个环节。因为数据表是数据库的核心对象，也是查询、窗体和报表对象的基本数据源，表结构设计得好坏会直接影响数据库的性能。数据表设计阶段，要根据需求分析的结果，对收集的数据进行抽象处理，即对实际事物或事件进行处理，抽取共同的特征，并将这些特征精确地加以描述。数据表设计就是要确定数据库中需要的表，先将需求信息分成多个独立的实体集，将每个实体集设计为一个数据表，再将实体间的联系设计为一个对应的表。例如，医生、病人、学生、教师等，每个实体集都可以设计为一张表，而"就诊"可以设计为医生和病人的联系对应的一张表，如表 1-5 所示。

数据表设计主要遵从概念单一化"一事一地"的原则，即一个数据表只能描述一个实体集或实体间的一种联系；每张表只包含与一个主题相关的信息，表中不能包含重复的信息。

3. 表结构设计

每张表中都应包含同一主题的信息，即表中的字段应围绕这个主题而创建。表结构设计主要是进行字段设计，即确定表中需要的字段、字段中要保存的数据类型及数据范围、关键字等。字段设计要遵从以下原则。

① 要避免在表中出现重复字段。

② 每个字段直接和表的实体相关。

③ 以最小的逻辑单位存储信息。

④ 表中字段必须是原始数据。

⑤ 要有确定的主关键字字段。

4. 表间关系设计

Access 数据库中的数据被保存在不同的表中,因此必须要有一些方法能够连接这些数据,使之作为一个整体使用。建立表间关系能将不同表中的相关数据联系起来,使表的结构合理,从而设计出满足实际应用需求的关系模型。表中不仅存储了所需的实体信息,而且反映了实体之间的联系,表之间的联系依靠外部关键字实现。为了使分散在各个表中的内容重新组合,得到有意义的信息,就需要确定外部关键字。例如,在"病人表"(见表 1-4)中"病人编号"是主关键字,而在"就诊表"(见表 1-5)中"病人编号"则是外部关键字,通过外部关键字就可以将医生和病人联系起来,如表 1-6 所示。

5. 优化设计

在设计完成需要的表、字段和关系后,应该检查设计并尽量排除可能存在的不足,因为相比改变已经输入数据的表,改变当前数据库的设计更容易。数据库设计在每一个阶段的后期都要经过用户确认。如果无法满足用户要求,需要返回前一个阶段或前几个阶段进行修改、调整。整个优化设计的过程实际上就是一个反复修改的过程,以排除可能存在的错误或不符合要求的结果。可在创建好的表中加入示例数据记录,测试能否从中得到希望的结果,并根据测试结果不断调整,直到设计方案满足客户要求,才能进一步地进行应用系统的开发。

1.5.2　数据库设计实例

下面根据 1.5.1 节给出的设计步骤及设计要求,以某医院中医生、病人、就诊、科室等信息管理的"医院管理.accdb"数据库设计为例,介绍 Access 2016 中数据库的设计过程。

1. 总体设计

数据库设计的第一步是确定数据库的用途,即进行需求分析。需求分析包括信息要求、处理要求、安全性和完整性要求 3 方面内容的分析。

(1)信息要求

"医院管理.accdb"数据库的处理对象包括:医生信息,病人信息,科室信息,就诊信息等,其具体内容如下。

医生信息:医生编号,医生姓名,医生性别,医生职称,工作时间,科室编号,党员否,医生简介,医生照片等。

病人信息:病人编号,病人姓名,病人性别,病人年龄,身份证号,家庭地址,联系电话、病历等。

科室信息：科室编号，科室名称，主任姓名，房间号，科室电话等。

就诊信息：就诊 ID，病人编号，就诊日期，医生编号等。

（2）处理要求

"医院管理.accdb"数据库主要实现的功能是医生、病人、就诊、科室等信息的管理。

（3）安全性和完整性要求

在确定信息要求和处理要求的同时必须确定安全性和完整性约束以保护数据库，防止非法使用造成数据泄露、更改或破坏，并且保证数据的准确和一致，使数据库中的数据在任何时候都是有效的。这可以通过在数据库管理系统中设置相应的约束规则来实现。

2. 数据表设计

根据分析结果可以确定"医院管理.accdb"数据库中的表主要有医生表、病人表、科室表、就诊表（看病时病人与医生之间的联系对应的表），它们分别存放医生信息、病人信息、科室信息及病人就诊信息。

3. 表结构设计

表结构设计就是确定表中需要的字段，字段中要保存的数据类型及数据范围，以及关键字。在"医院管理.accdb"数据库中，可将医生编号、病人编号、科室编号、就诊 ID 分别作为医生表、病人表、科室表、就诊表的主关键字。根据以上分析，"医院管理.accdb"数据库中的表结构如表 1-7 所示。

表 1-7 "医院管理.accdb"数据库中的表结构

医生表	病人表	科室表	就诊表
医生编号	病人编号	科室编号	就诊 ID
医生姓名	病人姓名	科室名称	病人编号
医生性别	病人性别	主任姓名	就诊日期
医生职称	病人年龄	房间号	医生编号
工作时间	身份证号	科室电话	
科室编号	家庭地址		
党员否	联系电话		
医生简介	病历		
医生照片			

4. 表间关系设计

数据库不仅存储了所需的实体信息，还能够将不同表中的数据联系起来。实现表间关联的关键是要确定外部关键字，例如，在"医院管理.accdb"数据库中，可以通过"科室编号"建立科室表和医生表之间的联系，通过"医生编号"建立医生表和就诊表的联系，通过"病人编号"建立病人表和就诊表的联系，如图 1-8 所示。

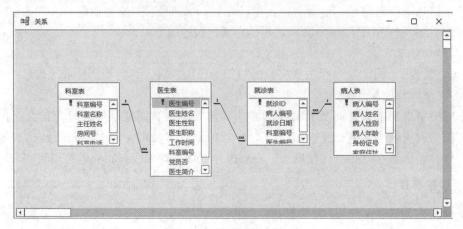

图 1-8   数据库中的关系示例

5. 优化设计

前几处阶段的设计完成后，应该返回来研究一下设计方案，检查是否存在缺陷和需要改进之处。主要检查以下几个方面。

① 数据库中是否都包含所需的信息。

② 是否存在多余字段。

③ 表中是否存在重复信息。

④ 表中关键字选择是否合适。

⑤ 是否满足关系规范化要求。

经过对数据库的不断测试，反复修改，使得设计合理并得到用户认可后，就可以进行后续的数据库应用系统开发工作了。

1.6   Access 2016 基础

Access 是 Microsoft Office 系列应用软件的一个重要组件，是一款运行在 Windows 平台上非常实用、备受用户欢迎的桌面关系数据库管理软件。Access 提供了大量的可视化操作工具及向导，还提供了功能强大的程序设计语言 VBA（Visual Basic for Application），利用可视化的界面操作就可以建立数据库应用程序。Access 操作简单、方便、快捷，使一些非专业人员也可以熟练地操作和应用数据库。

1.6.1   Access 2016 概述

Access 诞生于 20 世纪 90 年代初期，历经多次升级改版，功能越来越强大，而操作越来越直观、方便。Access 拥有多个版本，包括 Access 2.0、Access 95、Access 97、Access 2000、Access 2003、Access 2007、Access 2010 和 Access 2016。本书使用 Access

2016 版本。

Access 2016 于 2015 年 9 月 22 日由微软公司发布。它是微软办公软件包 Office 2016 的组件之一，操作简单、方便，组合了数据库引擎的图形用户界面和软件开发工具。

不同于其他数据库，Access 2016 提供了表生成器、查询生成器、窗体设计器等众多可视化操作工具，以及表向导、查询向导、窗体向导等多种向导。使用这些工具和向导，用户不必掌握复杂的编程语言，即可轻松快捷地构建一个功能完善的数据库系统。Access 2016 还内置了 VBA 编程语言，以及丰富的函数，有助于高级用户开发功能更为复杂的数据库应用系统。此外，Access 2016 还可以与其他数据库或 Office 其他组件进行数据交换和共享。

1. Access 2016 的应用

Access 2016 在诸多领域得到了广泛使用，主要体现在以下两个方面。

（1）进行数据分析

Access 2016 拥有强大的数据处理和统计分析能力，在处理上万条记录，甚至十几万条记录时速度快且操作方便，这一点是 Excel 无法相比的。

（2）开发小型系统

相对于 Oracle、SQL Server 等大型数据库开发软件，Access 2016 属于小型软件，主要面向小型企业用户。使用 Access 2016 可以轻松开发各种数据库，如生产管理、人事管理、库存管理等各类企业管理数据库系统，非计算机专业的人员也能轻松掌握相关技巧。因此，Access 2016 非常适合作为初学者学习数据库入门知识、掌握数据库管理工具的首选数据库软件。

2. Access 2016 的主要特点

① Access 2016 是 Microsoft Office 2016 系列软件中的一款数据库管理软件，与 Word 2016、Excel 2016 和 PowerPoint 2016 等应用软件具有统一的操作界面，并可以共享数据。

② 使用方便。数据库对象中的表、查询、窗体、报表都提供了"向导"和"设计器"两种创建方式，用户几乎不必做任何的 VBA 和 SQL 编程工作就可以设计界面美观的应用系统。同时用户在使用中可以通过 4 种方式查询帮助信息。

③ Access 2016 增强了安全机制，降低了受到恶意攻击的风险。

④ Access 2016 增强了与 XML 之间的转换功能，可以更加方便地共享跨平台和不同用户级别的数据，还可以作为企业级后端数据库的前台客户端。

⑤ Access 2016 内置了大量函数，提供了诸多宏命令，用户一般不必编写代码就可以解决各种问题。

⑥ Access 2016 内置了编程语言 Visual Basic(VB)，该编程语言提供了使用方便的开发环境 VBA 窗口，与独立 Visual Basic 语言在语法和使用上兼容。VBA 极大地加强了 Access 2016 的应用系统开发功能。

1. 6. 2　Access 2016 界面

Access 2016 的用户可分为两大类，一是应用系统的开发者，二是应用系统的使用者。应用系统的开发者是 Access 2016 的直接使用者，使用 Access 2016 进行各种设计和开发以完成特定的应用系统，最终提供给应用系统的最终用户（使用者）运行和使用。本节将站在开发者的角度介绍 Access 2016 界面。

1. 后台视图

使用数据库前需要先启动 Access 2016。Access 2016 的启动和退出方法与 Word 2016 相似，常规的启动方法如下：执行"开始"菜单中的"Access 2016"命令即可。启动 Access 2016 但未打开数据库时的界面称为后台（Backstage）视图，如图 1-9 所示。在 Backstage 视图中，可以创建新数据库，打开现有数据库，通过 SharePoint Server 将数据库发布到 Web，以及执行文件和数据库维护任务等。

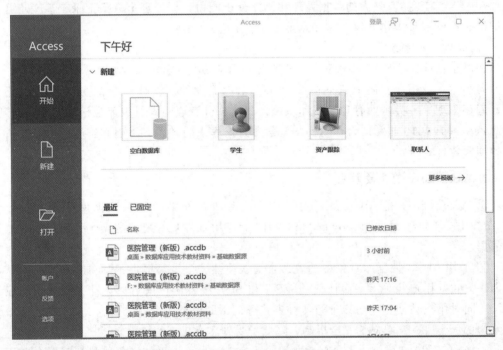

图 1-9　Backstage 视图

2. 工作界面

在 Access 2016 初始界面中，双击"空白数据库"图标，进入 Access 2016 工作界面，如图 1-10 所示。Access 2016 工作界面主要由快速访问工具栏、标题栏、功能区、"文件"选项卡、导航窗格、工作区和状态栏等几部分组成。

（1）快速访问工具栏

快速访问工具栏位于工作界面左上角，提供了一组最常用的命令，默认包含保存、撤销和恢复 3 个命令。单击快速访问工具栏右侧的　按钮，将弹出"自定义快速访问工具

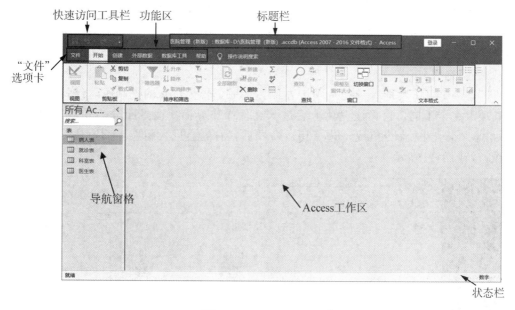

图 1-10　Access 2016 工作界面

栏"列表框，在其中可自定义快速访问工具栏中要显示的命令

（2）标题栏

标题栏位于 Access 2016 工作界面的顶端，用于显示当前打开的数据库文件名称及路径。在标题栏的右侧有 3 个按钮，从左到右依次为"最小化"按钮、"最大化"按钮（"还原"按钮）和"关闭"按钮，这是标准 Windows 应用程序的组成部分。

（3）功能区

功能区是一个带状区域，位于标题栏的下方，它以选项卡的形式将各种相关功能组合在一起，提供了 Access 2016 的主要命令。

功能区默认包含 4 个基本选项卡（"文件"选项卡除外），分别是"开始""创建""外部数据"和"数据库工具"选项卡。不同的选项卡包含不同的组，组中则包含各命令按钮，用以完成不同的工作。

功能区各选项卡的功能如下。

"开始"选项卡：用于切换视图，以及对数据进行剪切、复制、排序、筛选、查找，设置文本格式等。

"创建"选项卡：用于创建 Access 的 6 个数据库对象。

"外部数据"选项卡：用于导入外部数据，以及将 Access 数据库对象导出为其他格式的数据。

"数据库工具"选项卡：用于压缩和修复数据库、运行宏、查看关系、分析数据库性能，以及移动数据等。

此外，对于不同的数据库对象，除了 4 个基本选项卡外，还会显示其他相关选项卡。例如，当打开表对象时，功能区中会增加"表格工具/字段"和"表格工具/表"两个选项卡，用于对表对象进行操作。这类选项卡又称为上下文命令选项卡。

为了扩大数据库的显示区域，Access 2016 允许折叠功能区。单击功能区右侧的"折叠功能区"按钮或按"Ctrl＋F1"快捷键即可折叠功能区。折叠功能区之后，将只显示功能区的选项卡名称，如果想要再次打开功能区，则双击选项卡即可。

（4）"文件"选项卡

"文件"选项卡位于功能区其他选项卡左侧，是一个较为特殊的选项卡，结构、布局与其他选项卡完全不同。选择该选项卡后进入文件操作界面。该界面分为左右两部分，左侧由"信息""新建"等命令组成，选择相应命令后，右侧会进入相应界面，从而完成不同的工作，如图 1-11 所示。

图 1-11　文件操作界面

"文件"选项卡各选项的功能如下。

信息：用于压缩、修复数据库，设置密码以及查看数据库属性。

新建：用于新建空白数据库及模板数据库。

打开：用于打开本地计算机中的数据库及 OneDrive 上的数据库。

保存：用于保存当前数据库。

另存为：同样用于保存当前数据库。与"保存"命令有所不同的是，执行该命令可自定义保存的格式及存储路径。

打印：用于打印所选择的数据库对象。

关闭：用于关闭当前数据库。

账户：用于登录 Office。

选项：执行该命令，将弹出"Access 选项"对话框，从而对数据库进行设置，如图 1-12 所示。

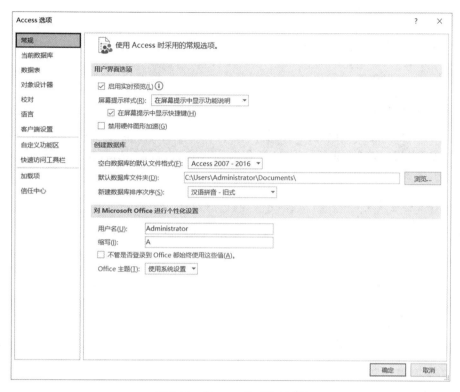

图 1-12 "Access 选项"对话框

(5)导航窗格

导航窗格位于工作区左侧，用于显示和管理当前数据库中的各种数据库对象。导航窗格有两种状态，即折叠状态和展开状态。单击导航窗格顶端的 > 按钮或 < 按钮，可以展开或折叠导航窗格。如果需要较大的空间显示数据库，则可以把导航窗格折叠起来。

导航窗格会按类别分组显示数据库中的所有对象。在数据库对象上右击，在弹出的快捷菜单中选择相应命令可以对其进行打开、导入、导出、重命名、复制等操作。

分组是一种分类管理数据库对象的有效方法。在一个数据库中，如果将某张表绑定到一个窗体、查询和报表，则导航窗格会把这些对象归组到一起。

(6)工作区

工作区位于导航窗格右侧，用于对数据库对象进行查看、修改、设计等操作。当打开多个对象时，文档窗口默认显示为选项卡式文档。在工作区中打开多个对象，除了"选项卡式文档"显示方式，还提供了"重叠窗口"显示方式，两种显示方式可以互相切换。选择"文件"选项卡中的"选项"命令，弹出如图 1-12 所示的"Access 选项"对话框，选择对话框左侧窗格中的"当前数据库"选项，打开"当前数据库"窗格，在"文档窗口选项"中进行切换即可。

(7)状态栏

状态栏位于 Access 2016 工作界面的底端，用于显示视图模式、状态信息、操作提示等信息。单击状态栏右侧按钮，可以切换视图。在状态栏空白处右击，在弹出的快捷菜单中可以自定义状态栏中显示的内容。

1.6.3 Access 2016 的新功能

Access 2016 保留了 Access 2013 版本中的所有功能，此外，还增加了以下新功能。

1. 智能搜索框

Access 2016 功能区中新增了一个智能搜索框。利用该搜索框，用户可以快速访问要使用的功能和想要执行的操作，还可以获取与查找内容相关的帮助，更加人性化和智能化。

2. Access 程序新主题

Access 2016 提供了两种 Office 主题，即彩色和白色。其中前者为默认主题，若要应用"白色"主题，在工作界面中执行"文件"选项卡中的"选项"命令，在弹出"Access 选项"对话框中选择"常规"选项卡，单击"Office 主题"右侧的下拉按钮，在弹出的下拉列表中选择"白色"主题即可。

3. 将链接的数据源信息导出到 Excel

当用户在处理包含多个链接的 Access 应用程序时，利用该功能可轻松获取包括所有数据源及其类型的列表，从而使复杂的 Access 应用程序更加清晰明了，有助于用户了解链接的数据源的来源及类型等信息。选择"外部数据"选项卡"导入并链接"组中的"链接表管理器"命令，在弹出的"链接表管理器"对话框中选择要导出的链接，单击"导出到 Excel"按钮，即可在新工作簿中显示该链接的数据源信息，包含链接数据源的名称、信息及数据源类型。

4. 模板外观新颖

Access 2016 中包含最为常用的 5 个数据库模板，分别是资产跟踪、联系人、事件管理、学生和任务管理。对于这些模板，微软公司已重新设计了外观，从而使其外观更新颖，更具有现代感。

1.6.4 Access 2016 数据库的组成

Access 2016 将数据库定义为一个扩展名为".accdb"的文件，其中包括 6 种对象，分别是表、查询、窗体、报表、宏和模块。不同的对象在数据库中起着不同的作用，其中表是数据的核心与基础，存放着数据库的全部数据，查询、窗体和报表都是从表中获得数据以实现用户的某一特定需求的。

1. 表

表(table)是数据库中最基本的组成单元，用于存储数据库中的各种数据，如图 1-13 所示。其他对象(如查询、窗体、报表等)可以由表来提供数据来源。Access 数据库中可以包含多张表，存储不同类型的数据。通过在表之间建立关系，可以将不同表中的数据联系起来，以方便用户使用。

医生表

医生编号	医生姓名	医生性别	医生职称	工作时间	科室编号	党员否	医生简介	医生照片
A001	王志	男	主任医师	1977/1/22	007	Yes	擅长：各种病毒性、酒精性肝病、肝纤	
A002	李娜	女	主任医师	1968/2/8	003	No	擅长：女性不孕症、月经失调、慢性盆	
A003	王永	男	主任医师	1965/6/18	006	Yes	擅长：冠心病、瓣膜性心脏病、先天性	
A004	田野	女	主任医师	1974/8/20	005	Yes	擅长：色素膜炎、糖尿病眼底病、黄斑	
A005	吴威	男	主任医师	1970/1/29	004	No	擅长：擅长颈椎病、腰椎间盘突出、腰	
A006	王之乾	男	助理医师	1990/11/28	008	No	擅长：神经外科微创治疗，立体定向，	
A007	张凡	男	医师	1998/6/15	012	Yes	擅长：尿路感染，尿路结石	
A008	张乐	男	主任医师	1969/11/10	011	No	擅长：神经外科微创治疗，立体定向，	
A009	赵希明	女	主任医师	1983/1/25	001	No	擅长：中医、中西医结合治疗头痛、失	
A010	李小平	男	医师	1963/5/19	011	Yes	擅长：熟练掌握神经外科脑外伤、脑出	
A011	李历宁	男	主任医师	1981/10/29	010	No	擅长：灼口综合症、复发性口腔溃疡、	
A012	张爽	女	主任医师	1958/7/8	012	Yes	擅长：肾结石、输尿管结石的药物和微	
A013	张进明	男	主任医师	1992/1/26	009	No	擅长：中药汤剂调理。治疗各种眩晕，	
A014	绍林	女	副主任医师	1983/1/25	005	Yes	擅长：干眼症、角结膜炎、流泪、屈光	
A015	李燕	女	医师	1999/6/25	009	No	擅长：善于运用中医经典理论治疗脱发	
A016	苑平	男	主任医师	1957/9/18	003	Yes	擅长：运用中医疗法治疗女性不孕症、	
A017	陈江川	男	助理医师	1988/9/9	007	No	擅长：暂无介绍	
A018	靳晋复	女	副主任医师	1963/5/19	006	No	擅长：糖尿病足坏疽、脉管炎、静脉曲	
A019	郭新	女	副主任医师	1969/6/25	004	Yes	擅长：儿童股骨头坏死、骨伤特色疗法	
A020	张山	男	主任医师	1980/6/18	008	No	擅长：血管外科、普通外科的中西医结	
A021	杨红兵	男	医师	1999/7/21	010	No	擅长：暂无介绍	
A022	程小山	男	主任医师	1970/4/29	002	No	擅长：1男性乳腺发育的中西医结合治疗	

记录：第 1 项(共 22 项 无筛选器 搜索

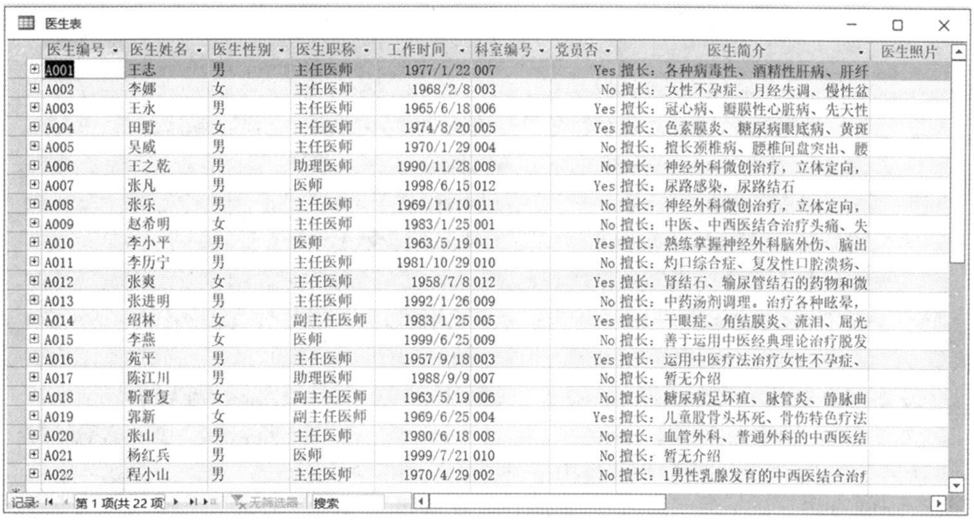

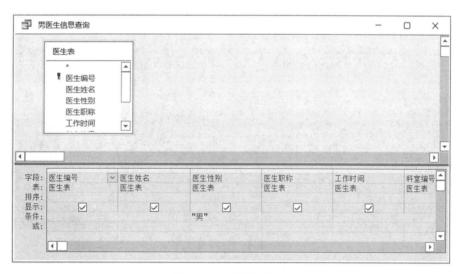

图 1-13　数据库中的表

2. 查询

查询(query)是数据库的核心功能，是由按照一定条件从一张或多张表中筛选的数据组成的一个动态数据集。查询是设计数据库的目的的体现，数据库中数据只有被用户查询才能体现它的价值。

查询通常在设计视图中创建，如图 1-14 所示；而查询结果则通常以数据表的形式显示，每执行一次查询操作都会显示最新的结果，如图 1-15 所示。

图 1-14　查询设计视图

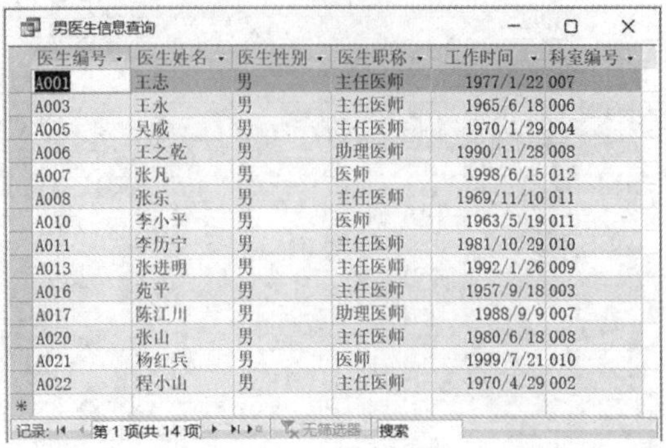

男医生信息查询

医生编号	医生姓名	医生性别	医生职称	工作时间	科室编号
A001	王志	男	主任医师	1977/1/22	007
A003	王永	男	主任医师	1965/6/18	006
A005	吴威	男	主任医师	1970/1/29	004
A006	王之乾	男	助理医师	1990/11/28	008
A007	张凡	男	医师	1998/6/15	012
A008	张乐	男	主任医师	1969/11/10	011
A010	李小平	男	医师	1963/5/19	011
A011	李历宁	男	主任医师	1981/10/29	010
A013	张进明	男	主任医师	1992/1/26	009
A016	苑平	男	主任医师	1957/9/18	003
A017	陈江川	男	助理医师	1988/9/9	007
A020	张山	男	主任医师	1980/6/18	008
A021	杨红兵	男	医师	1999/7/21	010
A022	程小山	男	主任医师	1970/4/29	002

记录: 第 1 项(共 14 项) 无筛选器 搜索

图 1-15 查询结果

3. 窗体

窗体(form)是 Access 数据库和用户直接交互的界面，用于为数据的查看、输入和编辑提供便捷、美观的屏幕显示方式。其数据源可以是表或查询，利用窗体用户能够从表中或查询中查询、提取所需的数据，如图 1-16 所示。

图 1-16 窗体

4. 报表

报表(report)将选定的数据以特定的版式显示或打印，用户既可以在一张表或一个查询的基础上创建报表，也可以在多张表或多个查询的基础上创建报表。利用报表可以创建计算字段，还可以对记录进行分组，以便计算出各组数据的汇总等，如图 1-17 所示。报表以类似 PDF 的格式显示数据，Access 在创建报表时提供了额外的灵活性。

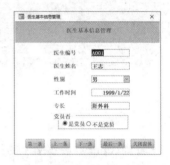

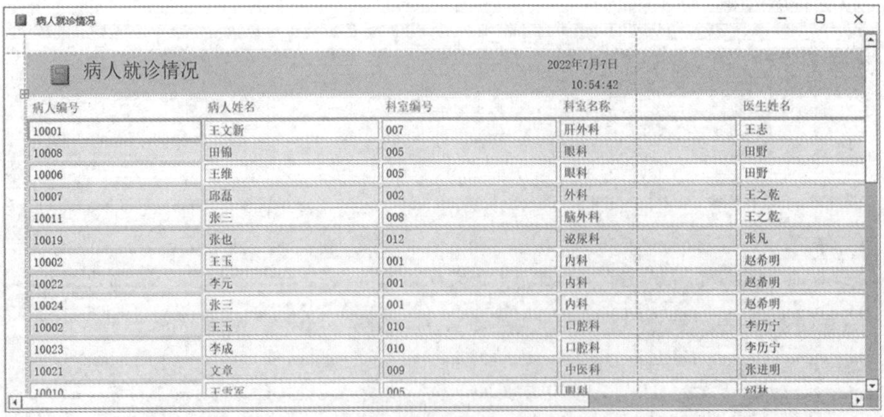

病人就诊情况 2022年7月7日 10:54:42

病人编号	病人姓名	科室编号	科室名称	医生姓名
10001	王文新	007	肝外科	王志
10008	田锦	005	眼科	田野
10006	王维	005	眼科	田野
10007	邱磊	002	外科	王之乾
10011	张三	008	脑外科	王之乾
10019	张也	012	泌尿科	张凡
10002	王玉	001	内科	赵希明
10022	李元	001	内科	赵希明
10024	张三	001	内科	赵希明
10002	王玉	010	口腔科	李历宁
10023	李成	010	口腔科	李历宁
10021	文章	009	中医科	张进明

图 1-17 报表

5. 宏

宏(macro)是一系列操作的集合，其中每个操作命令都能实现特定的功能。Access 提供了多种预定义的宏操作命令，用户不必编写任何代码，只需设置参数即可完成相应的

操作，如图 1-18 所示。利用宏，可以完成大量重复的工作。

图 1-18　宏

6. 模　块

模块(module)是用 VBA 语言编写的程序单元，可用于实现复杂的功能。模块中的每一个过程都可以是一个函数过程或一个子程序。模块可以与报表、窗体等对象结合使用，以建立完整的应用程序，如图 1-19 所示。

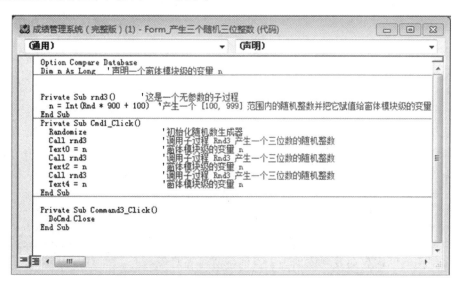

图 1-19　数据库中的模块

第 2 章　数据库和表

学习目标

❖ 掌握创建 Access 数据库的方法。
❖ 理解 Access 的数据类型、数据表的结构及字段属性。
❖ 掌握表的建立方法。
❖ 掌握建立表之间关系及数据输入的方法。
❖ 熟悉表的编辑维护及基本操作。
❖ 了解数据表外观调整。

随着数据库技术的不断发展，人们已经可以科学地组织和存储数据、高效地获取和处理数据。Access 2016 是一种关系型数据库管理系统，可以组织、存储并管理多种数据类型。在 Access 中，通过单独的数据库文件存储一个数据库应用系统中所包含的所有数据库对象，因此开发一个 Access 数据应用系统的重点是创建一个数据库文件并在其中添加所需要的数据库对象。本章将介绍 Access 2016 数据库的创建、表的建立和表的编辑维护等内容。

2.1　创建数据库

在使用 Access 2016 处理数据之前，先要创建一个新数据库，即在指定的磁盘上生成一个扩展名为".accdb"的数据库文件。Access 2016 创建数据库有两种方法，第一种是建立空数据库，第二种是使用 Access 提供的模板建立数据库。

2.1.1　创建空数据库

Access 2016 创建的空数据库只是建立一个数据库文件，其中不包含任何数据库对象，用户可以根据实际需要向其中添加表、查询、窗体等对象。

【例 2-1】建立一个"医院管理.accdb"空数据库，并将数据库文件保存在 D 盘上的"Access 学习资料"文件夹中。

其操作方法如下。

① 启动 Access 2016，进入 Access 2016 的后台视图界面，选择"空白数据库"选项，弹出"空白数据库"对话框，如图 2-1 所示。

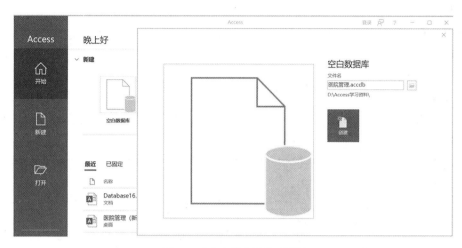

图 2-1 "空白数据库"对话框

② 单击对话框右侧的"浏览"按钮，在弹出的"文件新建数据库"对话框中找到 D 盘中的"Access 学习资料"文件夹并打开，在"文件名"组合框中输入"医院管理.accdb"，如图 2-2 所示。单击"确定"按钮，返回图 2-1 所示界面。

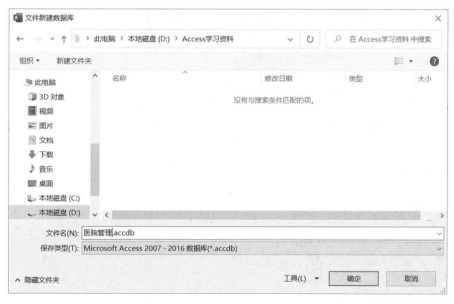

图 2-2 "文件新建数据库"对话框

③ 单击"创建"按钮完成数据库的建立。

2.1.2 使用模板建立数据库

Access 2016 中提供了 14 个数据库模板，包括 5 个应用程序模板和 9 个桌面数据库模板。这些模板是预先设计好的数据库，包含专业设计的表、窗体和报表，用户可以根据实际需要选择与所建数据库相似的模板。如果所选模板无法满足要求，用户还可以自定义模板。

【例 2-2】 使用数据库模板创建"学生 .accdb"数据库，并将数据库文件保存在 D 盘上的"Access 学习资料"文件夹中。

其操作方法如下。

① 启动 Access 2016 后，在后台视图中选择"学生"模板；或在 Access 2016 工作界面选择"文件"选项卡中的"新建"命令，在右侧窗格中选择"学生"模板，弹出学生数据库设置对话框，如图 2-3 所示。

图 2-3　学生数据库设置对话框

② 单击对话框右侧的"浏览"按钮，在弹出的"文件新建数据库"对话框中找到 D 盘中的"Access 学习资料"文件夹并打开。

③ 单击"创建"按钮，完成数据库的创建。

2.1.3　备份数据库

备份数据库主要有两种方法，分别如下。

① 找到数据库在计算机中的存储位置，使用"复制＋粘贴"的方式建立数据库的副本，从而达到备份数据库的目的。

② 在数据库中，选择"文件"选项卡中的"另存为"命令，进入"另存为"界面，在"数据库另存为"组中选择"Access 数据库（＊.accdb）"或"备份数据库"选项，然后单击"另存为"按钮，如图 2-4 所示；弹出"另存为"对话框，在"文件名"组合框中以"数据库名＋日期"的形式重命名数据库即可。

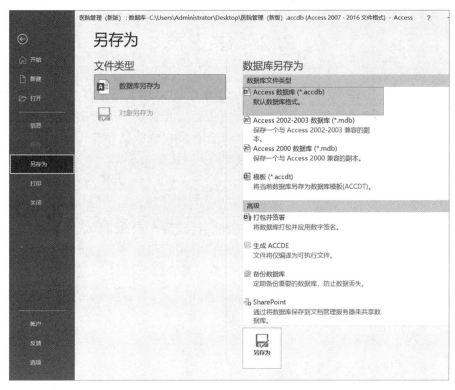

图 2-4 "另存为"界面

2.1.4 打开和关闭数据库

数据库建立好后，就可以在其中进行对象的添加、修改、删除等操作了。在进行这些操作之前必须先打开数据库，操作完成后要关闭数据库。

1. 打开数据库

打开数据库与打开 Word 文档的操作相同，常规的方法是在 Access 2016 窗口中选择"文件"选项卡中的"打开"命令，在右侧窗格中单击"浏览"按钮，在弹出的"打开"对话框中找到要打开的文件并打开即可；或者找到要打开的数据库文件，双击直接打开。

2. 关闭数据库

关闭数据库有多种方法，常用的有以下 5 种方法。

① 单击 Access 2016 窗口右上角的"关闭"按钮。

② 双击 Access 2016 窗口左上角。

③ 单击 Access 2016 窗口左上角，然后选择"关闭"命令。

④ 选择"文件"选项卡中的"关闭数据库"命令。

⑤ 按"Alt＋F4"快捷键。

2.2 建立表

表是 Access 数据库中最重要也是最基本的对象，是其他 5 种对象的基础。简单来说，表被用来存储数据库的数据，从而为查询、报表等其他对象提供数据源。空数据库建立好后，要先建立表对象及各表之间的联系，以提供数据的存储和管理。在操作数据库表前，用户需要了解表的基础知识，包括表的结构、视图、关系等。

2.2.1 表的组成

Access 数据库表由表名、字段名及其属性、记录等几部分组成。每张表由若干条记录组成，每条记录都对应一个实体，同一张表中的所有记录都具有相同的字段定义，每个字段存储着对应于实体不同属性的某一类型的数据信息。

1. 字段名

每个字段均具有唯一的名称，称为字段名。在 Access 2016 中，字段名称的命名规则如下。

① 字段名长度为 1~64 个字符。

② 字段名可以使用字母、汉字、数字、空格和其他字符，但不能以空格开头。

③ 字段名中不能包含点(.)、惊叹号(!)、方括号([])和单引号(')。

④ 字段名中不能使用 ASCII 码为 0~32 的字符。

2. 字段数据类型

一张表中同一列的数据应具有相同的数据特征，称为字段数据类型。表中字段的数据类型决定了数据的存储方式和使用方法。在设计表结构时，可以根据字段的性质、取值规则来确定表中字段的数据类型。Access 2016 中常见的字段数据类型有 12 种，包括短文本、长文本、数字、日期/时间、货币、自动编号、是/否、OLE 对象、超链接、附件、计算和查阅向导。

(1)短文本

"短文本"类型的字段可以存储字符、数字或字符与数字的任意组合，不能用于算术运算，最多可存储 255 个字符。在 Access 2016 中，将每一个汉字和特殊符号都看作一个字符。"短文本"类型常量要用英文单引号或英文双引号括起来，如"中国""good bye""C2"等。

(2)长文本

"长文本"类型的字段可以存储超长的文本，用于注释或说明，最多可达 1 GB 个字符。"长文本"类型的字段不能进行排序或索引。

(3)数字

"数字"类型的字段可以存储用于数学计算的数值，"数字"类型又分为字节、整数、长整数、单精度数、双精度数、同步复制、小数。"数字"类型的分类及取值范围如表 2-1 所示。

表 2-1 "数字"类型的分类及取值范围

数字类型	值的范围	小数位数	字段长度/字节
字节	$0 \sim 255$	无	1 字节
整数	$-32\,768 \sim 327\,67$	无	2 字节
长整数	$-2\,147\,483\,648 \sim 2\,147\,483\,647$	无	4 字节
单精度数	$-3.4 \times 10^{38} \sim 3.4 \times 10^{38}$	7	4 字节
双精度数	$-1.797\,34 \times 10^{308} \sim 1.797\,34 \times 10^{308}$	15	8 字节
同步复制	不适用	不适用	16 字节
小数	$-9.999 \times 10^{27} \sim 9.999 \times 10^{27}$	15	8 字节

(4)日期/时间

"日期/时间"类型的字段可用于存储日期、时间或日期时间组合的数据，字段长度固定为 8 字节。"日期/时间"类型的数据可以进行与时间或日历相关的各种计算，可以按照时间进行筛选或排序。

(5)货币

"货币"类型的字段用于表示货币数据。"货币"类型是"数字"类型的特殊类型，等价于具有双精度属性的"数字"类型，字段长度为 8 字节。"货币"类型的数据可用于计算，数据带有 1～4 位小数，精确到小数点左侧 15 位，右侧 4 位。向"货币"类型字段输入数据时，系统会自动添加货币符号、千位分隔符和两位小数。

(6)自动编号

"自动编号"类型的字段是 Access 自动为每条记录提供的唯一值，当向表中添加新记录时，Access 会自动插入一个唯一的顺序号，可以是顺序编号或随机编号，常用作主键，字段长度为 4 字节。"自动编号"类型的字段不能更新，一张表中只能有一个自动编号类型的字段。

(7)是/否

"是/否"类型的字段是布尔型或逻辑型，占一个存储位。"是/否"类型的字段只包含两种不同的取值，如 Yes/No、True/False、On/Off 等。Access 2016 中，使用"-1"表示"是"值，"0"表示"否"值。

(8)OLE 对象

"OLE 对象"类型的字段用于对象链接与嵌入，如 Excel 表、Word 文档、图片、声音或其他二进制数据，最多 1 GB。OLE 对象只能显示在 Access 窗体或报表的绑定对象框中，因此"OLE 对象"类型的字段不能建立索引。

(9)超链接

"超链接"类型的字段用于存储超链接地址，可以链接到文件、Web 页、电子邮件地址、本数据库对象、书签或该地址所指向的单元格范围。

（10）附件

"附件"类型的字段用于存储所有类型的文档和二进制文件，因此可以将其他程序中的数据添加到该类型的字段中。"附件"类型的字段不能建立索引。

（11）计算

"计算"类型的字段用于显示计算的结果。严格来说，"计算"类型并不是一种独立的数据类型，计算时必须引用同一表中的其他字段。"计算"类型的字段长度为8字节，不能建立索引。

（12）查阅向导

"查阅向导"是一种特殊的数据类型，提供了一种数据便捷输入方式，用于创建一个查阅列表字段，支持从其他表、列表框或组合框中选择字段值。

2.2.2 建立表结构

建立表结构就是定义字段名称、选择数据类型、设置字段属性等。新建立的表在数据库中形成一个空表对象，只有建立表结构后才能向该表中输入数据。

表结构的创建过程如下。

① 输入字段名。

② 选择字段数据类型。

③ 设定表的主键。

④ 设置字段对应属性。

⑤ 保存并输入表的名称。

建立表结构的方法主要有3种，即使用数据表视图创建表、使用设计视图创建表和使用SharePoint列表创建表。

1. 使用数据表视图创建表

数据表视图是按行和列来显示表中数据的视图。在数据表视图中可以进行字段的添加、编辑和删除操作，也可以进行记录的添加、编辑和删除操作，还可以执行数据的查找和筛选操作。

【例2-3】 在"医院管理.accdb"数据库中建立一张"医生表"，其表结构如表2-2所示。

表2-2 "医生表"的表结构

字段名	类型	字段名	类型	字段名称	类型
医生编号	短文本	医生职称	短文本	党员否	是/否
医生姓名	短文本	工作时间	日期/时间	医生简介	长文本
医生性别	短文本	科室编号	短文本	照片	OLE对象

其操作方法如下。

① 打开"医院管理.accdb"数据库，选择"创建"选项卡"表格"组中的"表"命令，创建了一张名为"表1"的新表，并以数据表视图方式打开，如图2-5所示。

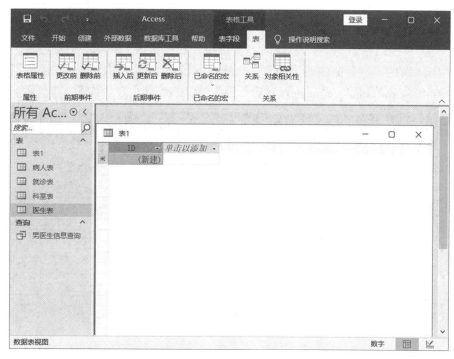

图 2-5　数据表视图下的表"表1"

②选中"ID"字段列，选择"表格工具/表字段"选项卡"属性"组中的"名称和标题"命令，弹出"输入字段属性"对话框。在该对话框中的"名称"文本框中输入"医生编号"，单击"确定"按钮即可，如图 2-6 所示；或者双击"ID"字段列，使其处于编辑状态，修改其名称为"医生编号"。

图 2-6　设置字段名

③ 选中"医生编号"字段列，在"表格工具/字段"选项卡的"格式"组中将数据类型更改为"短文本"，在"属性"组中设置字段大小。

④ 单击"单击以添加"字段列右侧的下拉按钮，在弹出的下拉列表中选择"短文本"选项，然后输入新的字段名称"医生姓名"，并修改字段大小。用同样的方法添加其他字段即可以完成医生表的创建。最后，设置表名称为"医生表"并保存，如图 2-7 所示。

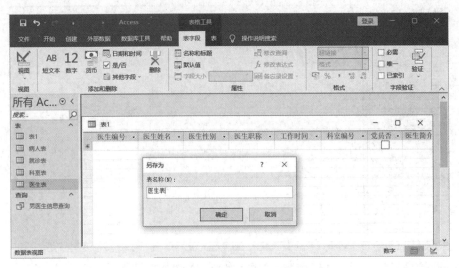

图 2-7　保存设置完成的表结构

2. 使用设计视图创建表

一般情况下，人们使用设计视图来建立数据表。使用设计视图创建表结构可更详细、直观地说明每个字段的名称、数据类型及相应的字段属性。

【例 2-4】　在"医院管理.accdb"数据库中建立"病人表"，其表结构如表 2-3 所示。

表 2-3　"病人表"的表结构

字段名	类型	字段名	类型	字段名称	类型
病人编号	短文本	病人年龄	数字	联系电话	短文本
病人姓名	短文本	身份证号	短文本	病历	长文本
病人性别	短文本	家庭地址	短文本		

其操作方法如下。

① 打开"医院管理.accdb"数据库，选择"创建"选项卡"表格"组中的"表设计"命令，进入表设计视图。表设计视图分为上下两部分，上半部分是字段输入区，可以输入字段名称，选择数据类型，输入说明性文字；下半部分是属性设置区，用来设置字段属性值。

② 添加字段。按照表 2-3 中的内容输入字段名称，选择数据类型，设置字段属性。

③ 定义主键(如果需要)。选中要作为主键的字段，然后选择"设计"选项卡"工具"组中的"主键"命令；或右击要作为主键的字段，在弹出的快捷菜单中选择"主键"命令即可。

④ 将表命名为"病人表"并保存，如图 2-8 所示。

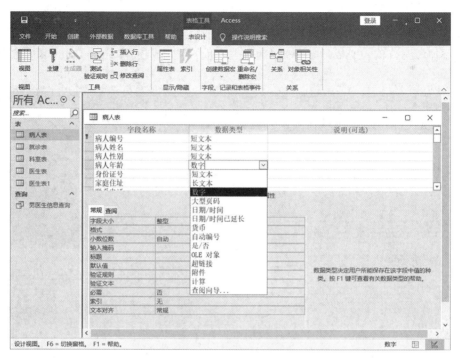

图 2-8 使用设计视图创建表

3. 使用 SharePoint 列表创建表

使用 SharePoint 列表可以在数据库中创建导入或链接到 SharePoint 列表的表，还可以使用预定义模板创建新的 SharePoint 列表。具体的操作方法如下。

① 在 Access 2016 数据库中选择"创建"选项卡"表格"组中的"SharePoint 列表"命令，在弹出的下拉列表中可选择要创建的列表类型，如选择"任务"类型，如图 2-9 所示。

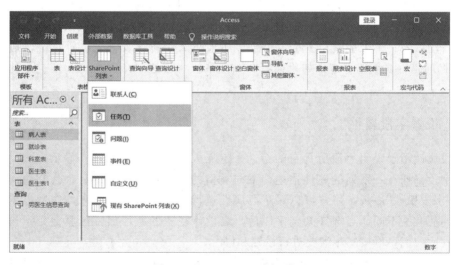

图 2-9 "SharePoint 列表"类型

② 此时，弹出"创建新列表"对话框，如图 2-10 所示。在"指定 SharePoint 网站"文本框中输入网站的 URL，在"指定新列表的名称。"文本框中输入新列表的名称，在"说明"文本框中添加说明，输入完成后，单击"确定"按钮，即完成使用 SharePoint 列表创建表的操作。

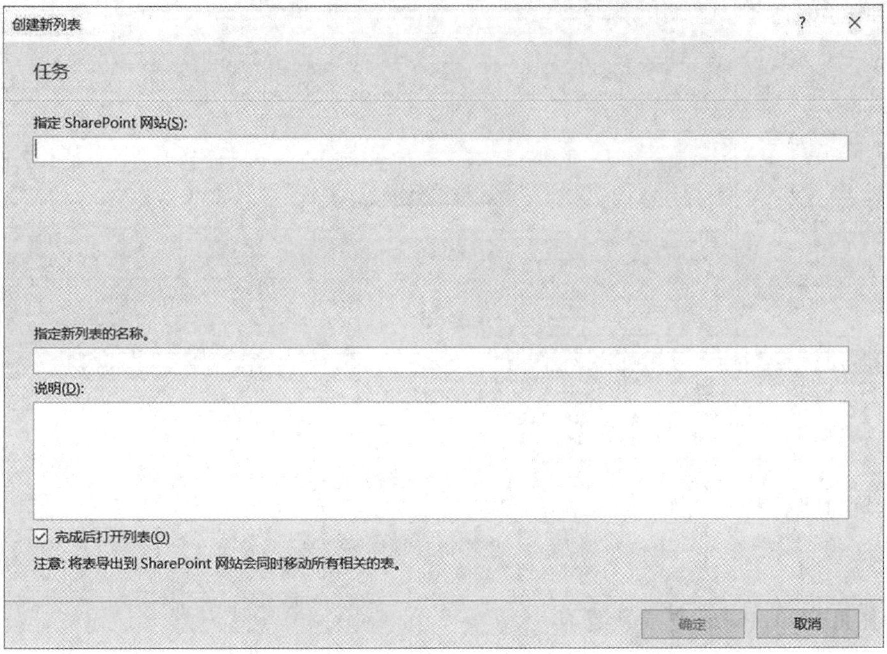

图 2-10 "创建新列表"对话框

表创建好后，可以根据需要在设计视图中对表结构进行修改。表设计视图是创建和修改表结构最方便、有效的工具。

在 Access 2016 中，每张表都应该有一个主键。主键是唯一标识表中每一条记录的单个字段或多个字段的组合。只有定义了主键，表与表之间才能建立联系。主键有 3 种类型，即自动编号、单个字段和多字段组合。如果在保存新建表时未设置主键，则 Access 2016 会询问是否要创建主键，如果回答"是"，系统将创建一个"自动编号"类型的字段作为主键。

2.2.3 设置字段属性

字段属性用于说明字段所具有的特性，定义数据的保存、处理或显示方式。表中的每一个字段都拥有一系列的属性描述，不同类型的字段拥有不同的属性。利用表设计视图中的"字段属性"面板，用户可以对字段属性进行设置，可设置的字段属性根据数据类型的不同而有所不同。当选择某个字段后，表设计视图的字段属性区就会显示该字段的相应属性，我们可以按实际需要进行设置和修改。

"字段属性"面板包含"常规"和"查阅"两个选项卡。在"常规"选项卡中可以设置字段大小、格式、验证规则等属性，在"查阅"选项卡中可以设置控件类型属性。下面将介绍

"常规"选项卡中的常用属性。

1. 字段大小

"字段大小"属性用于限制输入字段中的数据最大长度，当输入数据超过该字段设置的最大长度时，系统将拒绝接受。"字段大小"属性适用于"短文本""数字"和"自动编号"类型的数据，其他类型的数据的字段大小是固定的。不同的数据类型，字段大小范围也不同，可根据实际需要进行修改。例如，将"医生表"中的"医生性别"字段的"字段大小"设置为"1"，操作如图 2-11 所示。

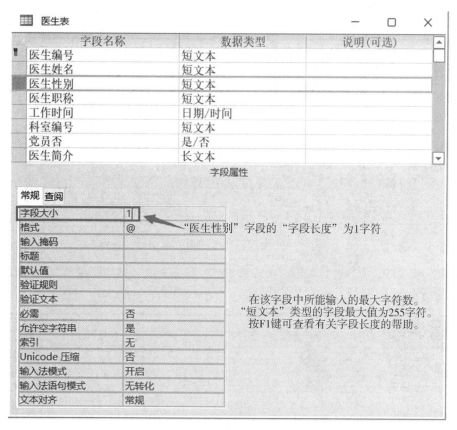

图 2-11 "字段大小"属性设置

2. 格 式

设置字段的"格式"属性，将改变数据显示和打印的格式，但不会改变数据的存储格式。"格式"属性用于自定义文本、数字、日期/时间和是/否等类型字段的输出（显示或打印）格式。例如，"日期/时间"类型字段的"格式"属性设置如图 2-12 所示。

3. 输 入 掩 码

通过设置字段的"输入掩码"属性，可以限制用户以特定的格式来输入数据，从而保持数据的一致性，使数据库更易于管理。例如，若要求"医生表"中的"医生编号"字段由 4

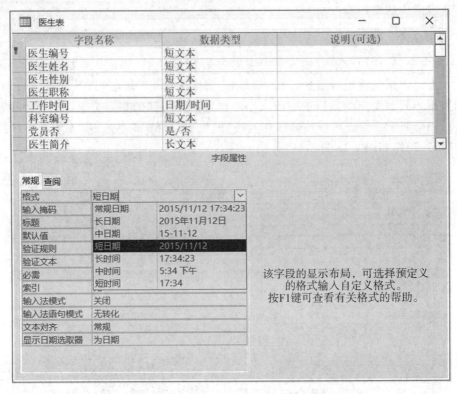

图 2-12 字段的"格式"属性设置示例

字符组成，输入格式为第一位是"A"，其余 3 位为数字字符，则该字段的"输入掩码"设置如图 2-13 所示。

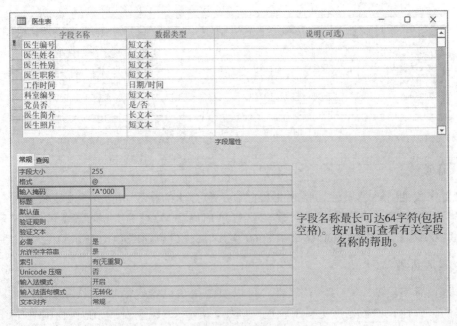

图 2-13 "输入掩码"属性设置示例

其中，文本、数字、日期/时间、货币等数据类型的字段都可以定义输入掩码。"输入掩码"只为"短文本"和"日期/时间"类型的字段提供向导，其他数据类型的字段没有向导帮助，只能用字符直接定义。"输入掩码"属性所用的字符及其含义如表 2-4 所示。

表 2-4 "输入掩码"属性所用的字符及其含义

字符	描述
0	必须输入 0～9 的数字，不允许输入加号和减号
9	可以选择输入数字或空格，不允许输入加号和减号
♯	可以选择输入数字或空格，允许输入加号和减号
L	必须输入 A～Z 的大小写字母
?	可以选择输入 A～Z 的大小写字母或空格
A	必须输入字母或数字
a	可以选择输入字母或数字
&	必须输入任一字符或空格
C	可以选择输入任一字符或空格
. , : ; - /	十进制占位符和千位、日期和时间分隔符(实际使用的字符由 Windows 系统"区域和语言"中的设置决定)
<	将其后所有的字符转换成小写
>	将其后所有的字符转换成大写
!	输入掩码从右到左显示。输入掩码中的字符都是从左向右输入的。感叹号可以出现在输入掩码的任何位置。
\	使其后的字符原样显示(如 \ A 只显示 A)

4. 默认值

"默认值"属性是在输入新记录时自动获取的数据内容。在一张表中往往会有某些字段的数据内容相同或包含相同的部分，为减少数据输入量，可以将出现较多的值作为该字段的默认值。例如，"医生表"中的"医生性别"字段的值通常只有"男"或"女"，如果表中男性比较多，可以将其默认值设置为"男"，如图 2-14 所示，这样可以减少输入工作量。并非所有类型的字段都可以设置默认值，默认值必须与字段中所设的数据类型一致，否则将出错。

5. 标题

"标题"是在数据表视图中要显示的列名，默认为字段名，常用于表、窗体和报表中。在显示表中数据时，"标题"属性将取代字段名称，字段名是"标题"属性的值，而非"字段名称"的值。

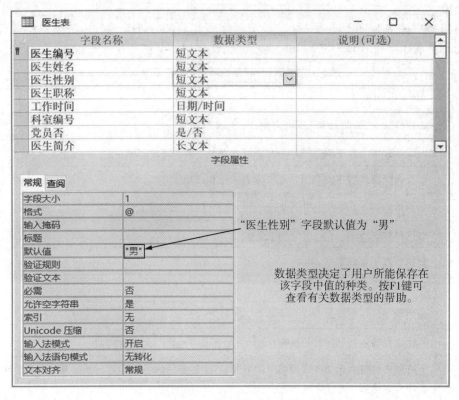

图 2-14　默认值属性设置

6. 验证规则和验证文本

"验证规则"属性用于指定对输入记录中的字段数据的要求，是给字段输入数据时所设置的约束条件，Access 2016 只有满足相应的条件时才能输入数据。可在"验证规则"属性中输入检查表达式检查输入字段的值是否符合条件，从而防止不合理的数据输入表中。

"验证文本"属性是一段提示文字，当输入的数据违反了验证规则设置时，可以通过定义"验证文本"属性来给出提示信息。例如，若要求"医生表"中的"医生性别"字段的值必须为"男"或"女"，则可设置"医生性别"字段的验证规则及验证文本如图 2-15 所示。

7. 必需

"必需"属性也称为"必填"属性，只有两个取值"是"和"否"。当取值"是"时，表示该字段的内容不能为空，必须填写。一般情况下，作为主键字段的"必需"属性取值"是"，其他字段取值"否"。

8. 索引

"索引"属性决定是否将该字段定义为表中的索引字段。索引可以加速对索引字段的查询，还能加速排序及分组操作。当表中数据量很大时，为了提高查找速度，可以设置"索引"属性。

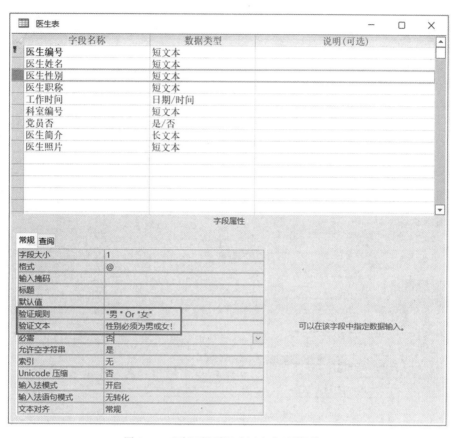

图 2-15 "验证规则""验证文本"属性设置

在 Access 2016 中，"索引"属性提供了 3 项取值。

无：表示本字段无索引。

有(有重复)：表示本字段有索引，且该字段中的数据可以重复。

有(无重复)：表示本字段有索引，且该字段中的数据不允许重复。

其设置方法如图 2-16 所示。

在"字段属性"面板"查阅"选项卡中可以设置控件类型的属性，下面将简单介绍"查阅"选项卡中的常用属性。

显示控件：窗体上用来显示该字段的控件类型。

行来源类型：控件的数据来源类型。

行来源：控件的数据源。

列数：显示的列数。

列标题：是否用字段名、标题或数据的首行作为列标题或图标标签。

列表行数：在组合框列表中显示行的最大数目。

限于列表：是否只在与所列的选择之一相符时才接受文本。

允许多值：一次查阅是否允许多值。

仅显示行来源值：是否仅显示与行来源匹配的数值。

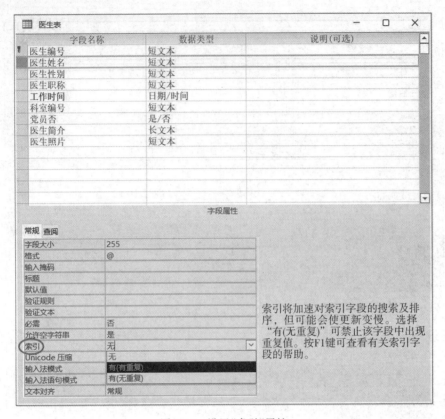

图 2-16 设置"索引"属性

2.2.4 建立表间关系

良好的数据库设计目标之一是消除数据冗余(即重复数据)。要实现这一目标,可将数据拆分为多个基于主题的表,尽量使每条记录只出现一次,然后在相关表中设置公共字段,并建立各表之间的关系,从而将拆分的数据组合到一起,这也是关系型数据库的运行原理。由此可知,表间关系是数据库中非常重要的部分。

1. 建立表间关系

数据库各表之间并不是孤立的,它们彼此之间存在或多或少的联系,这就是"表间关系"。只有合理地建立各表之间的关系,才能更好地使用和管理数据。

表与表之间的关系与实体间的联系一样,存在 3 种关系,即一对一、一对多、多对多。在数据库系统中,通常将一个多对多关系转换为两个一对多关系。在创建表与表之间的关系时,先在至少一张表中定义一个主键,然后使该表的主键与另一张表的对应列(一般为外键)相关。主键所在的表称为主表,外键所在的表称为相关表,也称为子表。

【例 2-5】 创建"医院管理.accdb"数据库中各表之间的关系。

其操作方法如下。

① 打开"医院管理.accdb"数据库,选择"数据库工具"选项卡"关系"组中的"关系"命令,打开"关系"窗口,同时弹出"显示表"对话框,如图 2-17 所示。

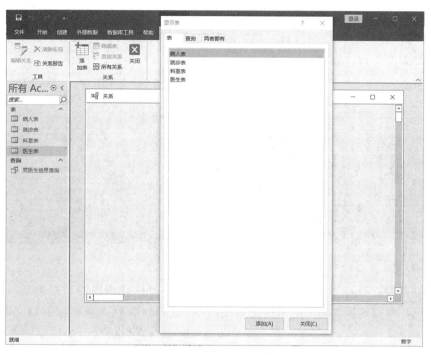

图 2-17 "关系"窗口与"显示表"对话框

② 在"显示表"对话框中选中"科室表"，然后单击"添加"按钮，即可将"科室表"添加到"关系"窗口中。使用同样的方法将其他需要的表添加到"关系"窗口中，然后关闭"显示表"对话框。

③ 将"科室表"中的主键"科室编号"拖至"医生表"中的"科室编号"字段上，此时会弹出"编辑关系"对话框，如图 2-18 所示。

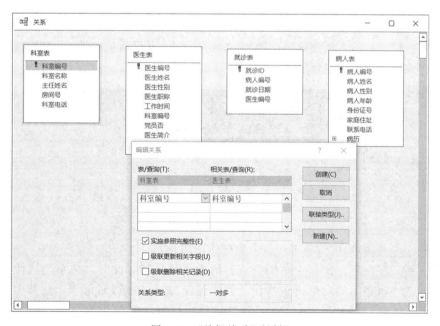

图 2-18 "编辑关系"对话框

④ 按需要在"编辑关系"对话框中选中相应的复选框，单击"创建"按钮。

⑤ 用同样的方法建立"病人表"与"就诊表"之间的关系、"医生表"和"就诊表"之间的关系，结果如图 2-19 所示。

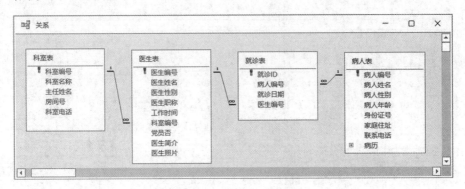

图 2-19　建立的关系

在建立两表之间的关系时，相关联的两个字段必须具有相同的数据类型，但字段名不一定相同，只有这样才能实施参照完整性。另外，最好在输入数据之前建立表间关系，这样既可以确保输入数据的完整性，又可以避免由于有数据违反参照完整性原则而无法正常建立关系的情况发生。

2. 查看和编辑表间关系

关系定义好后，可以查看、编辑表间关系，也可以删除不再需要的关系。查看、编辑表间关系的方法如下。

（1）查看关系

选择"数据库工具"选项卡"关系"组中的"关系"命令，打开"关系"窗口，在其中可查看当前数据库中所有的表间关系。

（2）编辑关系

打开"关系"窗口后，功能区中会增加"关系工具/关系设计"选项卡，利用该选项卡中的命令可以编辑表间关系，如图 2-20 所示。

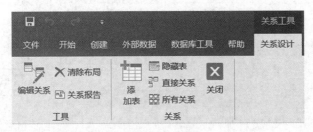

图 2-20　"关系工具/关系设计"选项卡

"关系工具/关系设计"选项卡中各命令的作用如下。

编辑关系：在"关系"窗口中单击要编辑的关系连接线，此时，关系连接线显示得较粗，表示为选中状态；然后单击该按钮，此时弹出"编辑关系"对话框，在其中可以设置实施参照完整性、设置连接类型和新建表等，如图 2-21 所示。

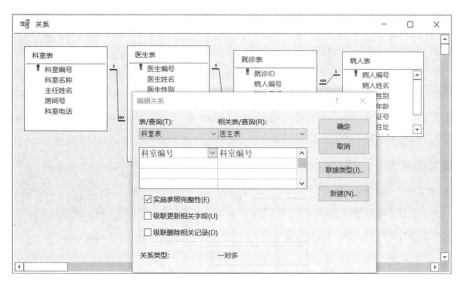

图 2-21 "编辑关系"对话框

另外，编辑表间关系，也可双击对应的关系连接线；或右击关系连接线，在弹出的快捷菜单中选择"编辑关系"命令，在弹出的"编辑关系"对话框中重新设置表间关系，然后单击"创建"按钮。

清除布局：选择该命令，可以隐藏"关系"窗口中所有的表及关系连接线，效果如图 2-22 所示。

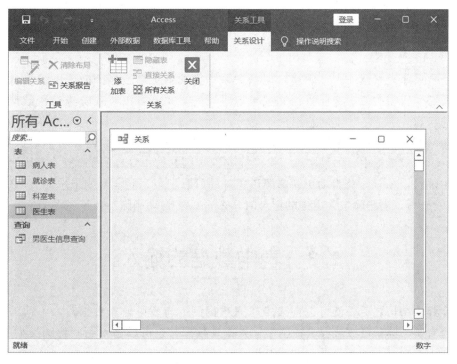

图 2-22 清除布局

关系报告：选择该命令，Access 将自动生成表间关系的报表，并进入打印预览模式，用户可打印该报表。

添加表：选择该命令将弹出"显示表"对话框，在其中可将表添加到"关系"窗口。

隐藏表：在"关系"窗口中选择表后，选择该命令可隐藏所选的表对象。

直接关系：在"关系"窗口中选择表后，选择该命令可显示与该表存在直接关系的所有表。

所有关系：选择该命令将显示当前所有的表间关系。

关闭：该命令可退出"关系"窗口。

3. 删除表间关系

在"关系"窗口中选择要删除的关系连接线，按"Delete"键，弹出"Microsoft Access"对话框，单击"是"按钮即可删除表间关系；或在关系连接线上右击，在弹出的快捷菜单中选择"删除"命令也可删除表间关系。

4. 实施参照完整性

Access 允许数据库实施参照完整性规则，从而保护数据不会丢失或遭到破坏。在"编辑关系"对话框中，选中"实施参照完整性"复选框，即会实施参照完整性。此时 Access 将拒绝违反表间关系参照完整性规则的任何操作，并会严格限制主表和相关表的记录修改和更新操作。表间参照完整性限制规则如下。

① 如果在主表的主键字段中不存在某条记录，则不能在相关表的外键字段中输入该记录，否则会创建孤立记录，即不允许在"多端"的字段中输入"一端"主键中不存在的值。

② 当"多端"表中含有和主表相匹配的记录时，不可从主表中删除这条记录。

③ 当"多端"表中含有和主表相匹配的记录时，不可从主表中改变相应的主键值。

5. 设置级联选项

对于数据库完整性而言，用户希望当关系一方的值更新或删除时，系统能自动更新或删除所有受影响的值，这样数据库就可以进行完整更新，以有效防止整个数据库呈现不一致的状态。

Access 提供的"级联更新相关字段"和"级联删除相关记录"两个选项可以解决该问题。在"编辑关系"对话框中，如果实施了参照完整性规则并选中"级联更新相关字段"复选框，当更新主键时，Access 将自动更新参照该主键的所有字段。同样，如果选中"级联删除相关记录"复选框，当删除包含主键的记录时，Access 会自动删除参照该主键的所有记录。

2.3　表中数据的输入

建立好表结构之后，就可以向表中输入数据了。向表中输入数据时，不同的数据类型方法也有所不同，可在数据表视图中输入常规数据，也可以输入一些特殊类型的数据，还可以使用查阅列表输入数据，也可以从已有的表中获取数据。

2.3.1 使用数据表视图输入数据

1. 直接输入数据

打开数据库，在导航窗格中双击要输入数据的表，进入数据表视图，即可直接输入数据，如图 2-23 所示。

科室表	科室编号	科室名称	主任姓名	房间号	科室电话
⊞	001	内科	赵希明	101	2219661
⊞	002	普外科	程小山	201	2219662
⊞	003	妇科	赵希明	301	2219663
⊞	004	骨科	吴威	401	2219664
⊞	005	眼科	田野	501	2219665
⊞	006	心血管科	王永	502	2219625
⊞	007	肝外科	王志	503	2219635
⊞	008	脑外科	张山	602	2219666
⊞	009	中医科	张进明	302	2219613
⊞	010	口腔科	李历宁	405	2219614
⊞	011	神经科	张乐	601	2219616
⊞	012	泌尿科	张爽	203	2219613
⊞	013				

记录：第 13 项(共 13 项) 无筛选器 搜索

图 2-23 在数据表视图中输入数据

2. 输入特殊类型的数据

有些数据类型的输入方法很特殊，如 OLE 对象、附件等类型的数据。

（1）"OLE 对象"类型字段数据的输入

表"医生表"中的"照片"字段是"OLE 对象"类型的数据，输入照片的步骤如下：在该字段下方对应位置右击，在弹出的快捷菜单中选择"插入对象"命令，弹出"Microsoft Access"对话框；在对话框中选中"由文件创建"单选按钮，单击"浏览"按钮，在弹出的"浏览"对话框中找到并选中需要的图片文件，然后单击"确定"按钮即可，如图 2-24 所示。

图 2-24 "Microsoft Access"对话框

提示：OLE 对象型字段只支持 Windows 位图文件(.bmp)，其他文件(如 .jpg、.gif 文件等)在字段中显示为 Package 包，在窗体、报表中只能作为图标显示。

（2）"附件"类型字段数据的输入

"附件"类型的字段可以在一个字段中存储多个文件，且这些文件的数据类型可以不同。"附件"类型字段对应的列标题显示的是曲别针图标，而不是字段名。

"附件"类型字段数据的输入方法如下。

在数据表视图中打开相应的表，双击表中"附件"类型字段对应的单元格，弹出"附件"对话框，单击"添加"按钮，找到要添加的文件后双击即可。在"附件"对话框中还可以编辑和管理附件，如图 2-25 所示。附件数据添加成功后，"附件"类型字段列中将显示附件的数量，如图 2-26 所示。

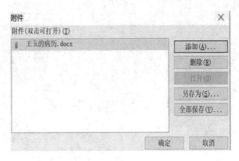

图 2-25 "附件"对话框

病人编号	病人姓名	病人性别	病人年龄	身份证号	家庭住址	联系电话	病历
10001	王文新	男	37	310001390300873271	北京市东城区	65001234	⓪(0)
10002	王玉红	男	29	310003220000009004	北京市海淀区	68001234	⓪(1)
10003	李向红	女	32	310012200000011009	北京市通州区	60510123	⓪(0)
10004	吴颂	男	22	310013200000009000	北京市密云县	90100001	⓪(0)
10005	凌凤	男	31	310016200000004102	北京市怀柔区		⓪(0)
10006	王维	女	33	310015200611187330	北京市大兴区	88010101	⓪(0)
10007	邱磊	男	45	310003297402027674	北京市朝阳区		⓪(0)
10008	田锦	女	44	310013200000009004	北京市丰台区	83950001	⓪(0)
10009	洪称	女	56	310011397411119004	北京市房山区		⓪(0)
10010	王雪军	男	40	310013197604133174	北京市东城区	65130113	⓪(0)
10011	张三	男	22	370003200000009005	山东省青岛市		⓪(0)

记录：第 2 项（共 25 项） 无筛选器 搜索

图 2-26 输入附件数据后的结果

2.3.2 使用查阅列表输入数据

如果表中某字段的数据是一组固定值，则可以把字段定义为一个查阅列表。这是一个组合框，输入数据时既可直接输入，又可以从列表中选择一个值，这种灵活、多样的输入方式不但提高了输入效率，还避免了输入错误的数据，保证了数据的准确性。

创建查阅列表有两种方法，一种是利用"查阅向导"创建，另一种是在"查阅"选项卡中设置。这两种方法均在表设计视图中完成。

1. 使用"查阅向导"创建查阅列表

数据类型中包含一种"查阅向导"类型，利用向导可以创建字段的查阅列表。

【例 2-6】 使用"查阅向导"为表"医生表"中的"医生职称"字段建立查阅列表，列表中显示"主任医师""副主任医师""医师""助理医师"4个值。

其操作方法如下。

① 在表设计视图中打开"医生表"，选中"医生职称"字段行。在"数据类型"列表中选择"查阅列表"选项，弹出"查阅向导"对话框。

② 在"查阅向导"对话框中选中"自行键入所需要的值"单选按钮，单击"下一步"按钮，进行下一步设置。在"第1列"列中依次输入"主任医师""副主任医师""医师""助理医师"，如图2-27所示。

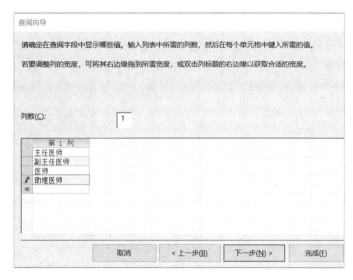

图2-27 使用"查阅向导"创建查阅列表

③ 单击"下一步"按钮，在对话框的"请为查阅字段指定标签"文本框中输入名称（默认为"医生职称"），单击"完成"按钮。

要输入数据时，先切换到数据表视图，单击"医生职称"字段列的字段值单元格，显示一个组合框，单击右侧的下拉按钮，弹出下拉列表，列表中显示了"主任医师""副主任医师""医师""助理医师"4个选项，如图2-28所示，选择需要的值即可完成输入。如果列表中没有需要的值，也可以直接输入新值。

图2-28 输入查阅列表字段值

2. 使用"查阅"选项卡创建查阅列表

在表设计视图的"字段属性"面板中有两个选项卡，一个是"常规"选项卡，另一个是"查阅"选项卡，其中使用"查阅"选项卡可以直接为字段创建查阅列表。

【例2-7】 使用"查阅"选项卡为"医生表"的"医生性别"字段创建查阅列表，列表中显示"男""女"两个值。

其操作方法如下。

① 在表设计视图中打开"医生表"，选中"医生性别"字段行，在"字段属性"面板中选择"查阅"选项卡。

② 单击"显示控件"属性右侧的下拉按钮，在弹出的下拉列表中选择"组合框"或"列表框"选项；单击"行来源类型"属性右侧的下拉按钮，在弹出的下拉列表中选择"值列表"选项；在"行来源"属性右侧文本框中输入"男";"女"，设置结果如图2-29所示。

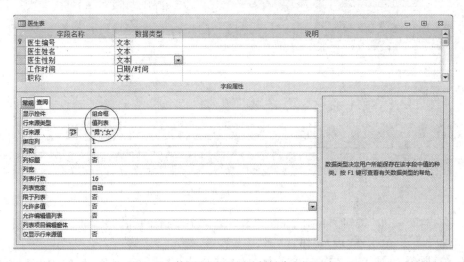

图2-29　使用"查阅"选项卡创建查阅列表

注意："行来源类型"属性值必须为"值列表"或"表/查询"，"行来源"右侧文本框中输入的文本数据要加英文双引号，各数据项之间用英文分号分隔。

2.3.3 获取外部数据

如果数据库中的原始数据已经使用其他工具生成，如Excel文件、文本文件、其他数据库文件（如FoxPro、SQL Server等）等，则可以将这些外部数据添加到Access数据库中供用户使用。

将外部数据添加到Access数据库有两种方法：导入外部数据和链接外部数据。

1. 导入外部数据

导入外部数据指从外部获取数据后形成数据库中的数据表对象，并与外部数据源断绝连接，对外部数据所做的更改不会反映在该数据库中。而导入外部数据又有两种方式，一种是将整个表导入数据库的新表中，另一种是只添加记录到已存在的表中。

（1）将数据导入当前数据库的新表中

这种方式导入的是整个表（包括结构和记录），如果数据库中指定的表不存在，则Access会创建一张新表；如果指定的表已经存在，则导入的表会覆盖原来的表。

【例2-8】 将Excel文件"病人表"导入"医院管理.accdb"数据库中，生成"病人表"对象。

其操作方法如下。

① 打开"医院管理.accdb"数据库，选择"外部数据"选项卡"导入并链接"组中的"新数据源"命令，在弹出的下拉列表中选择"从文件"子菜单中的"Excel"命令，弹出"获取外部数据-Excel电子表格"对话框。

② 单击对话框中的"浏览"按钮，在弹出的"打开"对话框中找到需要导入的数据源文件"病人表.xlsx"，单击"确定"按钮，返回"获取外部数据-Excel电子表格"对话框。

③ 选中"将源数据导入当前数据库的新表中"单选按钮（见图2-30），单击"确定"按钮。

图2-30 "获取外部数据-Excel电子表格"对话框

④ 在弹出的"导入数据表向导"对话框中设置"显示工作表"，单击"下一步"按钮，进行下一步操作。

⑤ 选中"第一行包含标题"复选框，单击"下一步"按钮，进行下一步操作。

⑥ 按要求设置字段数据类型、索引等，也可以选择默认选项，然后单击"下一步"按钮，进行下一步操作。

⑦ 选中"我自己选择主键"或"不要主键"单选按钮（见图2-31），单击"完成"按钮。

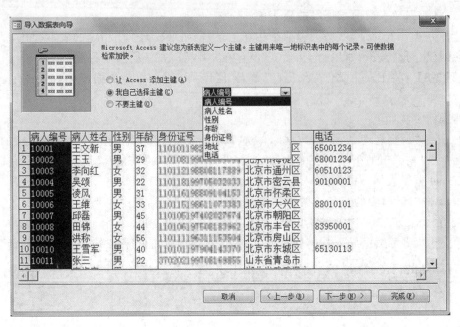

图 2-31　为导入的新表设置主键

(2)将外部数据添加到数据库已有的表中

这种方式是在指定的已经存在的表中导入数据。如果指定的表不存在，则 Access 会创建相应的表。

【例 2-9】　将 Excel 文件"医生表.xlsx"中的记录添加到"医院管理.accdb"数据库的"医生表"中。

其操作方法如下。

① 打开"医院管理.accdb"数据库，选择"外部数据"选项卡"导入并链接"组中的"新数据源"命令，在弹出的下拉列表中选择"从文件"子菜单中的"Excel"命令，弹出"获取外部数据-Excel 电子表格"对话框。

② 单击对话框中的"浏览"按钮，在弹出的"打开"对话框中找到需要导入的数据源文件"医生表.xlsx"，单击"确定"按钮，返回"获取外部数据-Excel 电子表格"对话框。

③ 选中"向表中追加一份记录的副本"单选按钮，并在右侧列表框中选择对应的"医生表"选项，如图 2-32 所示，单击"确定"按钮。

④ 在弹出的"导入数据表向导"对话框中依次单击"下一步"按钮，最后单击"完成"按钮。

2. 链接外部数据

链接外部数据是通过创建链接表来链接到外部数据的，链接的外部数据并未与外部数据源断绝连接。因此，在 Access 数据库中，通过链接对象对数据所做的任何修改，实质上都是在修改外部数据源中的数据；同样，对外部数据的更改也将反映在链接表中。

链接外部数据的操作方法与导入外部数据相似，不同的是在图 2-32 中要选中"通过创

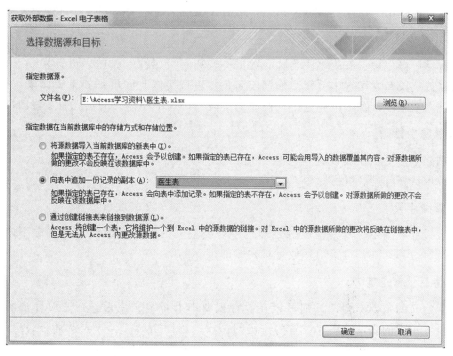

图 2-32 "获取外部数据-Excel 电子表格"对话框

建链接表来链接到数据源"单选按钮，其他操作步骤按提示要求完成即可。

数据库表中的数据可以导入，同样也可以导出。将 Access 数据库中的数据导出到其他格式的文件中的操作方法：在导航窗格中选择要导出的表，选择"外部数据"选项卡，在"导出"组中选择文件的类型，在弹出的对话框中选择存储位置和文件名，单击"确定"按钮即可。

2.4 表的编辑

在创建完数据表后，由于种种原因，可能表的结构设计并不合理，有些内容无法满足实际需要，需要增加或删除一些内容，导致表结构和表内容发生变化。为使数据表结构更合理，内容使用更有效，则需要对表进行维护。

2.4.1 修改表结构

数据库中的表创建完成后，可以在表设计视图下对表结构进行修改。修改表结构的操作主要包括添加字段、修改字段、删除字段、移动字段和重新设置主键等。

1. 添加字段

在表设计视图中打开需要添加字段的表，将光标移动到要插入新字段的位置，选择"表格工具/表设计"选项卡"工具"组中的"插入行"命令；或在要插入新字段的位置右击，在弹出的快捷菜单中选择"插入行"命令，然后在空行中输入字段名称，选择数据类型等。

2. 修改字段

修改字段操作包括修改字段名称、数据类型和字段属性等。在表设计视图下打开表，如果要修改字段名，则选中要修改的字段名，然后直接修改即可；如果要修改数据类型、字段属性，在表设计视图下先选中要修改的字段，再选中要修改的信息直接修改即可。

3. 删除字段

要删除字段可以在表设计视图或数据表视图下选中要删除的字段，右击，在弹出的快捷菜单中选择"删除字段"命令。

4. 移动字段

在表设计视图中，单击字段选定器选中需要移动的字段，按住鼠标左键不放，拖动鼠标将该字段移动到新位置后释放鼠标左键即可。

5. 重新设置主键

如果定义的主键不合适，则可以在设计视图中重新定义主键。在表设计视图下打开要重新设置主键的表，选中要设置为主键的字段、选择"表格工具/表设计"选项卡"工具"组中的"主键"命令；或在选定字段上右击，在弹出的快捷菜单中选择"主键"命令。

2.4.2　修改表中数据

数据表中的数据经常会做各种修改操作。修改表中的数据是为了确保表中数据的准确性，使表能够满足实际需要。修改表中数据的操作主要包括定位记录、添加记录、修改记录、删除记录、复制记录、查找和替换记录等。

1. 定位记录

要编辑数据，首先要定位和选择记录，常用的定位记录方法是在数据表视图中单击记录选择器或用记录导航条定位(精确定位)。

【例 2-10】　将指针定位到"科室表"表中的第 8 条记录上。

其操作方法如下。

在数据表视图中打开"科室表"，在记录导航条"当前记录"文本框中输入记录号"8"，按 Enter 键即可；结果如图 2-33 所示。

2. 添加记录

要添加记录，可在数据表视图中打开表，将光标移动到数据表的最后一行，然后直接输入记录；也可以单击"记录"导航条上的"新(空白)记录"按钮，或执行"开始"选项卡"记录"组中的"新建"命令，然后输入数据。

3. 修改记录

要修改记录，可在数据表视图中打开表，将光标移动到数据表中要修改数据的相应字段位置，然后直接修改即可；可以修改整个字段值，也可以只修改该字段的部分数据。

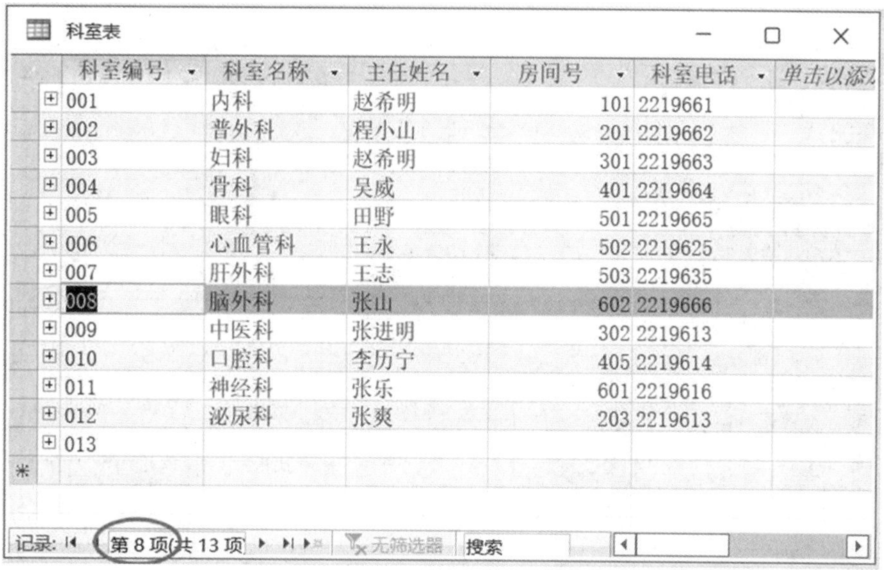

科室表

科室编号	科室名称	主任姓名	房间号	科室电话	单击以添加
001	内科	赵希明	101	2219661	
002	普外科	程小山	201	2219662	
003	妇科	赵希明	301	2219663	
004	骨科	吴威	401	2219664	
005	眼科	田野	501	2219665	
006	心血管科	王永	502	2219625	
007	肝外科	王志	503	2219635	
008	脑外科	张山	602	2219666	
009	中医科	张进明	302	2219613	
010	口腔科	李历宁	405	2219614	
011	神经科	张乐	601	2219616	
012	泌尿科	张爽	203	2219613	
013					

图 2-33　定位记录

4. 删除记录

要删除记录，可在数据表视图中打开表，选中要删除的记录，选择“开始”选项卡“记录”组中的“删除”命令，在弹出的删除记录提示对话框中选择“是”；或选中要删除的记录后右击，在弹出的快捷菜单中选择“删除”命令。注意，删除是不可恢复的操作，须谨慎。为了避免误删记录，在进行删除操作之前最好先对表进行备份。

5. 复制记录

在输入或编辑数据时，有些数据可能相同或相似，这时可以通过复制操作减少输入量。要复制记录，可在数据表视图中打开表，选中要复制的记录数据，选择“开始”选项卡“剪贴板”组中的“复制”命令，然后将光标移动到目标位置，单击“剪贴板”组中的“粘贴”命令。

6. 查找和替换记录

如果数据表中记录很多，若要快速查找需要的记录，可通过“查找”功能实现；若要修改多处相同的数据，可通过“替换”功能实现。

【例 2-11】 将“病人表”中的“家庭住址”为“大理市”的记录修改为“大理白族自治州”。

其操作方法如下。

① 在数据表视图中打开“病人表”，选中“家庭住址”字段列。

② 选择“开始”选项卡“查找”组中的“查找”或“替换”命令，弹出“查找和替换”对话框。

③ 在“查找内容”输入框中输入“大理市”，在“替换为”输入框中输入“大理白族自治州”(若只做查找，“替换为”输入框中可不输入任何信息)，在“查找范围”下拉列表中选择“当前字段”选项，在“匹配”下拉列表中选择“字段任何部分”选项，在“搜索”下拉列表中选择“全部”选项，如图 2-34 所示。

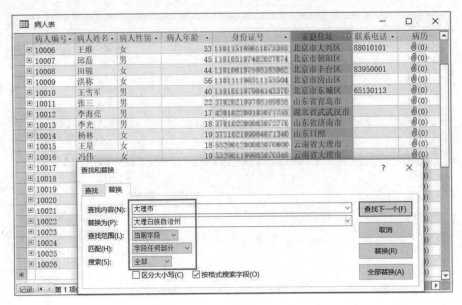

图 2-34 "查找和替换"对话框

④ 如果要进行"替换"操作，则单击"全部替换"按钮，然后在弹出的对话框中选择"是"即可；如果只进行"查找"操作，则单击"查找下一个"按钮即可。

2.4.3 调整表的外观

调整表的外观指重新设置数据的显示方式，使表格看着更清楚、美观。调整表的外观操作包括调整行高与列宽、改变字段显示次序、隐藏与显示列、冻结列、设置字体格式、设置数据表格式等。

1. 调整行高与列宽

调整行高与列宽操作有以下两种方法。

（1）使用鼠标调整

调整行高：在数据表视图中，将鼠标指针放在任意两行选定器之间，当鼠标指针变成上下双向箭头时，按住鼠标左键向上或下拖动调整，效果满意后直接释放鼠标左键即可。

调整列宽：在数据表视图中，将鼠标指针放在要改变宽度的列字段名右侧的分隔线上，当鼠标指针变成左右双向箭头时，按住鼠标左键向左或右拖动调整，效果满意后直接释放鼠标左键即可。

（2）使用命令调整

调整行高：选中要调整行高的行并右击，在弹出的快捷菜单中选择"行高"命令，在弹出的"行高"对话框中输入行高值，单击"确定"按钮即可。

调整列宽：选中要调整列宽的列并右击，在弹出的快捷菜单中选择"字段宽度"命令，在"列宽"对话框中输入列宽值，单击"确定"按钮即可。

2. 改变字段显示次序

在数据表视图中，默认字段的显示次序与创建表结构时的次序一致，也可以按要求更改显示次序。具体操作方法如下：在数据表视图中，选中要调整位置的字段名，按住鼠标左键不放拖动到目标位置释放鼠标左键。

3. 隐藏与显示列

如果表中的数据列较多，为了方便查看表中主要的数据，可以将某些字段列暂时隐藏，需要时再将其显示出来。

隐藏列：在数据表视图中，右击要隐藏的字段列，在弹出的快捷菜单中选择"隐藏字段"命令即可。

显示列（取消隐藏）：在数据表视图中，右击任意字段列，在弹出的快捷菜单中选择"取消隐藏字段"命令，然后在弹出的"取消隐藏列"对话框中选中要显示的字段，单击"关闭"按钮即可。

4. 冻结列

在数据表视图中，当数据列较多时，有些字段在水平滚动窗口后无法看到，这会影响数据的查看。这时可以将某列或多列字段冻结，无论怎样水平滚动窗口，这些字段都是可见的。

冻结列的操作方法：在数据表视图中，选中要冻结的字段并右击，在弹出的快捷菜单中选择"冻结字段"命令即可。若要取消冻结，则选中要取消冻结的字段，在弹出的快捷菜单中选择"取消冻结所有字段"命令即可。

5. 设置字体格式

要设置数据表中数据的显示字体格式，在数据表视图中打开表，在"开始"选项卡的"文本格式"组中设置需要的字体、字号、字形、颜色等即可。

6. 设置数据表格式

在数据表视图中，默认表格中有网格线、线的颜色、表格的背景颜色等格式。为了满足不同的格式需要，可以重新设置数据表格式。

设置数据表格式的方法：在数据表视图中打开要设置格式的表，选择"开始"选项卡"文本格式"组中右下侧的"设置数据表格式"命令，弹出如图 2-35 所示的对话框，在对话框中选择需要的选项进行设置即可。

图 2-35 "设置数据表格式"对话框

2.5　表的操作

在使用数据表时，可以根据需要对表中数据进行排序、筛选和统计计算，以便更高效、准确地查找和处理数据。

2.5.1　记录排序

在浏览表中数据时，记录是按输入顺序或主键的升序排列的。而在实际应用中，为了方便数据的查找和操作，记录的显示顺序是按实际需要排列的。Access提供的排序功能可以有效地实现记录的重新排列。

1. 排序规则

排序指根据当前表中的一个字段或多个字段的值对整个表中的记录进行排列。排序又分为升序排序和降序排序。排序时，不同的字段类型有不同的规则，其具体规则如下。

① 英文按字母顺序排序，不区分英文大小，升序时按 A～Z(或 a～z)排序，降序时按 Z～A(或 z～a)排序。

② 中文按拼音字母的顺序排序，升序时按 A～Z(或 a～z)排序，降序时按 Z～A(或 z～a)排序。

③ 数字("数字"类型和"货币"类型的字段)按数字大小排序，升序时按从小到大排序，降序时按从大到小排序。

④ "日期和时间"类型的字段按日期的先后顺序排序，靠后的日期为大，靠前的日期为小。

⑤ 对于"文本"类型的字段，如果字段值中包含数字，则 Access 将数字视为字符串，排序时按照 ASCII 码值的大小排列。

⑥ 若排序字段值为空，升序时则将包含空字段值的记录排列在最前面，降序时则将包含空字段值的记录排列在最后面。

⑦ 数据类型为"长文本""超链接""OLE 对象"或"附件"的字段不能排序。

2. 简单排序

简单排序即按一个指定的字段排序，可在数据表视图中进行。选择指定的排序字段列，选择"开始"选项卡"排序和筛选"组中的"升序"或"降序"命令即可。若要取消排序，则在"排序和筛选"组中选择"取消排序"命令即可。

3. 高级排序

在 Access 2016 中，不仅可以按一个指定字段排列记录，也可以按多个字段排列记录。当数据中有大量的重复数据或者需要同时对多个字段进行排序时，简单排序就无法满足要求了，这时可以使用高级排序功能。使用高级排序功能时，数据先按第一个排序准则进行排序，当有相同的数据出现时，再按第二个排序准则进行排序，以此类推，直到按全部指定的字段排好序为止。

高级排序有两种情况，一是多个排序字段的显示位置相邻，且均为同一种排序顺序；二是多个排序字段的显示位置不相邻，或排序顺序不同。下面将举例介绍这两种情况的排序方法。

【例2-12】 在"医生表"中按两个相邻字段——"医生性别"和"医生职称"降序排序。其操作方法如下。

① 在数据表视图中打开表"医生表"，同时选中"医生性别"和"医生职称"两个字段。

② 选择"开始"选项卡"排序和筛选"组中的"降序"命令，排序结果如图2-36所示。

医生编号	医生姓名	医生性别	医生职称	工作时间	科室编号	党员否	医生简介	医生照片
A012	张夷	女	主任医师	1958/7/8	012	Yes	擅长：肾结石、输尿管结石的药物和微	
A002	李娜	女	主任医师	1968/2/8	003	No	擅长：女性不孕症、月经失调、慢性盆	
A004	田野	女	主任医师	1974/8/20	005	No	擅长：色素膜炎、糖尿病眼底病、黄斑	
A022	程小山	女	主任医师	1970/1/29	002	No	擅长：1男性乳腺发育的中西医结合疗	
A009	赵希明	女	主任医师	1983/1/25	001	No	擅长：中医、中西医结合治疗头痛、失	
A015	李燕	女	医师	1999/6/25	009	No	擅长：善于运用中医经典理论治疗脱发	
A019	郭新	女	副主任医师	1969/6/25	004	Yes	擅长：儿童股骨头坏死、骨伤特色疗法	
A018	靳晋复	女	副主任医师	1963/5/19	006	No	擅长：糖尿病足坏疽、脉管炎、静脉曲	
A014	绍林	女	副主任医师	1983/1/25	005	Yes	擅长：干眼症、角结膜炎、流泪、屈光	
A017	陈江川	男	助理医师	1988/9/9	007	No	擅长：暂无介绍	
A006	王之乾	男	助理医师	1990/11/28	008	No	擅长：神经外科微创治疗、立体定向、	
A003	王永	男	主任医师	1965/6/18	006	No	擅长：冠心病、瓣膜性心脏病、先天性	
A005	吴威	男	主任医师	1970/1/29	004	No	擅长：擅长颈椎病、腰椎间盘突出、腰	
A008	张乐	男	主任医师	1969/11/10	011	No	擅长：神经外科微创治疗、立体定向、	
A001	王志	男	主任医师	1977/1/22	007	Yes	擅长：各种病毒性、酒精性肝病、肝纤	Pack
A011	李历宁	男	主任医师	1981/10/29	010	No	擅长：灼口综合症、复发性口腔溃疡、	
A013	张进明	男	主任医师	1992/1/26	010	No	擅长：中药汤剂调理、治疗各种眩晕、	
A016	苑平	男	主任医师	1957/9/18	003	No	擅长：运用中医疗法治疗女性不孕症、	
A020	崇山	男	主任医师	1980/6/18	005	No	擅长：血管外科、普通外科的中西医结	
A007	张凡	男	医师	1998/6/15	012	No	擅长：尿路感染、尿路结石	
A021	杨红兵	男	医师	1999/7/21	014	No	擅长：暂无介绍	
A010	李小平	男	医师	1963/5/19	011	Yes	擅长：熟练掌握神经外科脑外伤、脑出	

记录：第1项（共22项） 无筛选器 搜索

图2-36 相邻多个字段排序

按多个字段排序时，当要求一个字段按升序排序，另一个字段按降序排序时，或排序的多个字段不相邻时，只能用"高级筛选/排序"命令实现。

【例2-13】 在"医生表"中按"医生性别"字段降序排序，按"工作时间"字段升序排序。其操作方法如下。

① 在数据表视图中打开"医生表"，选择"开始"选项卡"排序和筛选"组中的"高级"命令，在弹出的下拉列表中选择"高级筛选/排序"命令，打开筛选设置窗口。

② 筛选设置窗口分为上下两部分，上半部分显示当前表的字段列表；下半部分是设计网格，用于指定排序字段、排序方式和排序条件。

③ 单击设计网格中第一列"字段"行右侧的下拉按钮，在弹出的下拉列表中选择"医生性别"字段，再用同样的方法在第二列的字段行选择"工作时间"字段。

④ 单击"医生性别"字段的"排序"单元格，再单击其右侧的下拉按钮，在弹出的下拉列表中选择"降序"选项；使用同样的方法选择"工作时间"字段"排序"单元格中的"升序"选项，如图2-37所示。

图2-37 筛选设置窗口

⑤ 选择"开始"选项卡"排序和筛选"组中的"切换筛选"命令，这时 Access 将按设置的方式排列"医生表"中的所有记录，结果如图 2-38 所示。

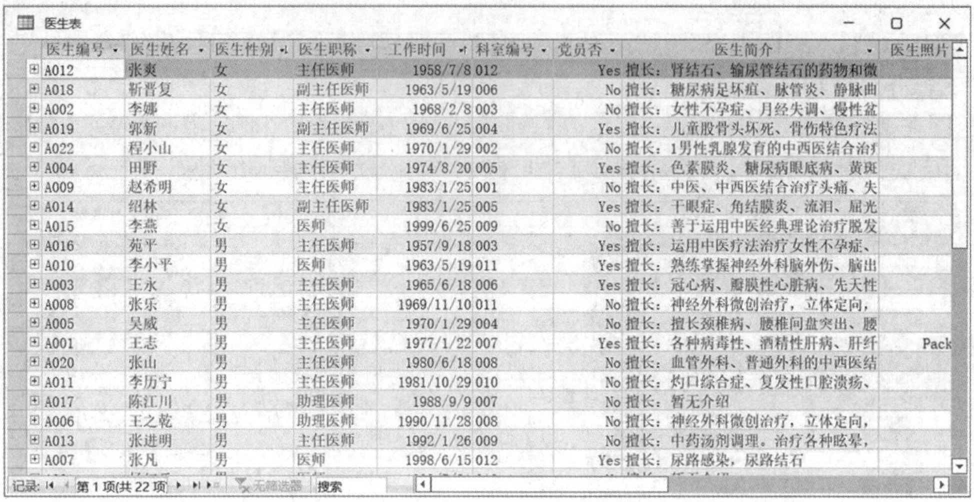

图 2-38　不相邻字段的多排序方式排序结果

在保存数据表时，Access 将保存该排序次序，并在重新打开该表时，自动重新应用排序。

2.5.2　记录筛选

记录筛选指从表中选出满足某种条件的记录的操作。经过筛选后，表中显示的只有满足条件的记录，而其他记录将被隐藏，直到取消筛选操作。Access 2016 提供了 4 种筛选记录的方法，分别是按内容筛选、按条件筛选、按窗体筛选和高级筛选。

1. 按内容筛选

"按内容筛选"是一种最简单的筛选，可以容易地找到包含某字段值的记录。例如，显示"医生表"中具有"主任医师"职称的医生的操作方法如下。

在数据表视图中打开表，选中要筛选的字段列，选择"开始"选项卡"排序和筛选"组中的"筛选器"命令，在弹出的列表中选中"主任医师"复选框，如图 2-39 所示，单击"确定"按钮即可。

2. 按条件筛选

"按条件筛选"指根据输入的条件进行筛选，是一种常用的较灵活的筛选方法。

【例 2-14】　在"病人表"中筛选出年龄为 20～40 岁的病人记录。

其操作方法如下。

① 在数据表视图中打开"病人表"，选中"病人年龄"字段列，选择"开始"选项卡"排序和筛选"组中的"筛选器"命令，或直接单击"病人年龄"字段右侧的下拉按钮。

② 在弹出的下拉列表中选择"数字筛选器"子菜单中的"期间"命令，弹出"数字边界之

图 2-39　按内容筛选

间”对话框，在“最小”文本框中输入“20”，“最大”文本框中输入“40”，单击“确定”按钮，如图 2-40 所示。

图 2-40　自定义条件筛选

3. 按窗体筛选

“按窗体筛选”指由用户在“按窗体筛选”对话框中指定条件进行筛选，可以同时对两个及以上的字段值进行筛选。如果选择两个及以上的字段值，可以通过窗体底部的“或”标签来确定字段值之间的关系。这些字段值的关系一般是“与”或者“或”中的一个。

【例 2-15】　使用“按窗体筛选”操作在“医生表”中筛选男主任医师的信息。

其操作方法如下。

① 在数据表视图中打开“医生表”，选择“开始”选项卡“排序和筛选”组的“高级”命令，在弹出的下拉列表中选择“按窗体筛选”命令。此时数据表视图“医生表”会切换为“医生表：按窗体筛选”窗口。

② 选中要筛选的字段“医生性别”，设置字段值为“男”；再选中“医生职称”字段，设置字段值为“主任医师”，如图 2-41 所示。

医生表: 按窗体筛选
医生编号
医生姓名
医生性别
医生职称
工作时间
科室编号
党员否
医生简介
医生照片
"男"
"主任医师"
查找
或

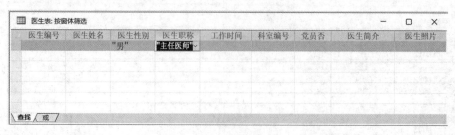

图 2-41 “医生表：按窗体筛选”窗口

③ 选择在“开始”选项卡“排序和筛选”组中的“切换筛选”命令查看筛选结果，如图 2-42 所示。

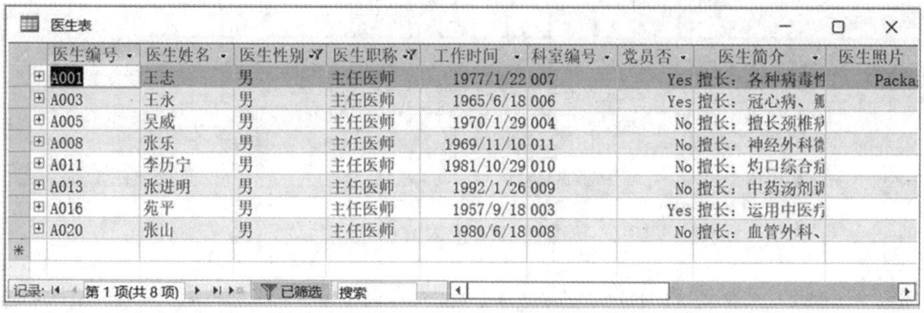

医生表
医生编号 医生姓名 医生性别 医生职称 工作时间 科室编号 党员否 医生简介 医生照片
A001 王志 男 主任医师 1977/1/22 007 Yes 擅长：各种病毒性 Packa
A003 王永 男 主任医师 1965/6/18 006 Yes 擅长：冠心病、
A005 吴威 男 主任医师 1970/1/29 004 No 擅长：擅长颈椎病
A008 张乐 男 主任医师 1969/11/10 011 No 擅长：神经外科微
A011 李历宁 男 主任医师 1981/10/29 010 No 擅长：灼口综合症
A013 张进明 男 主任医师 1992/1/26 009 No 擅长：中药汤剂调
A016 苑平 男 主任医师 1957/9/18 003 Yes 擅长：运用中医疗
A020 张山 男 主任医师 1980/6/18 008 No 擅长：血管外科、
记录: 第 1 项(共 8 项)
已筛选
搜索

图 2-42 按窗体筛选结果

在例 2-15 中，如果筛选的两个条件是“或”的关系，则通过窗体底部的“或”标签来实现，如图 2-43 所示。

医生表: 按窗体筛选
医生编号
医生姓名
医生性别
医生职称
工作时间
科室编号
党员否
医生简介
医生照片
"男"
"主任医师"
查找
或
或

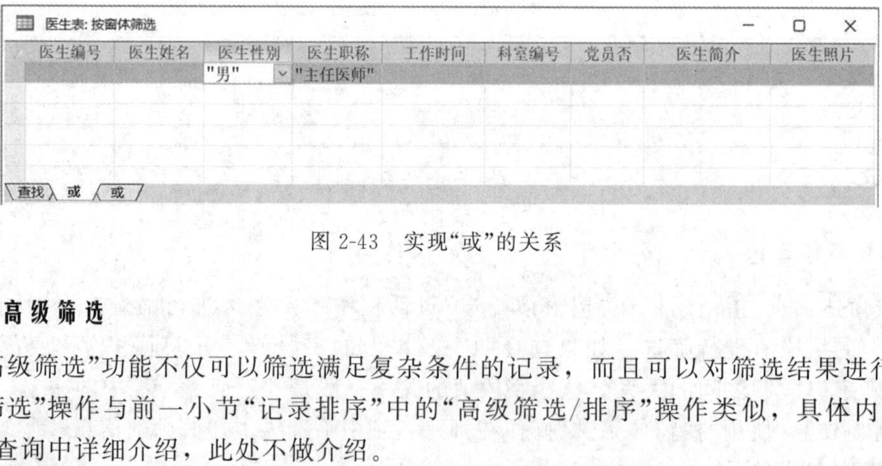

图 2-43 实现“或”的关系

4. 高级筛选

“高级筛选”功能不仅可以筛选满足复杂条件的记录，而且可以对筛选结果进行排序。“高级筛选”操作与前一小节“记录排序”中的“高级筛选/排序”操作类似，具体内容将在第 3 章查询中详细介绍，此处不做介绍。

5. 清除筛选

设置筛选后，如果不再需要筛选结果，则可以将其清除，将数据恢复到筛选前的状态。清除筛选的方法：选择“开始”选项卡“排序和筛选”组中的“高级”命令，在弹出的下拉列表中选择“清除所有筛选器”命令。

2.5.3　聚合数据

"聚合数据"功能是将 Excel 中的汇总功能移植到了 Access 中，使 Access 可以对数据表中的部分字段进行简单的统计处理。聚合操作是 Access 中内置的一组计算，对一组值进行计算并返回单一值。

在数据表中，不同类型的字段所支持的聚合操作有所不同。"短文本"类型的字段可以使用的聚合操作只有"计数"；"数字"和"货币"类型的字段可以使用的聚合操作有"合计""平均值""计数""最大值""最小值""标准偏差"和"方差"；"日期/时间"类型的字段可以使用的聚合操作有"平均值""计数""最大值"和"最小值"。Access 数据表不支持其他类型的聚合数据。

1. 使用"汇总"行聚合数据

进行聚合数据时，要先向数据表中添加"汇总"行，然后在每个汇总字段的下拉列表中选择聚合操作。

【**例 2-16**】　在"病人表"表中计算病人年龄的平均值，并按"身份证号"字段统计病人人数。

其操作方法如下。

① 在数据表视图中打开"病人表"。

② 选择"开始"选项卡"记录"组中的"合计"命令，此时会在"病人表"表的底部自动添加一个空"汇总"行，如图 2-44 所示。

图 2-44　添加"汇总"行

③ 选中"病人年龄"字段列"汇总"行的单元格，单击该单元格左侧的下拉按钮，在弹出的下拉列表中选择"平均值"选项；选中"身份证号"字段列"汇总"行的单元格，单击该单元格左侧的下拉按钮，在弹出的下拉列表中选择"计数"选项。计算结果将显示在"汇总"行对应的单元格中，如图 2-45 所示。

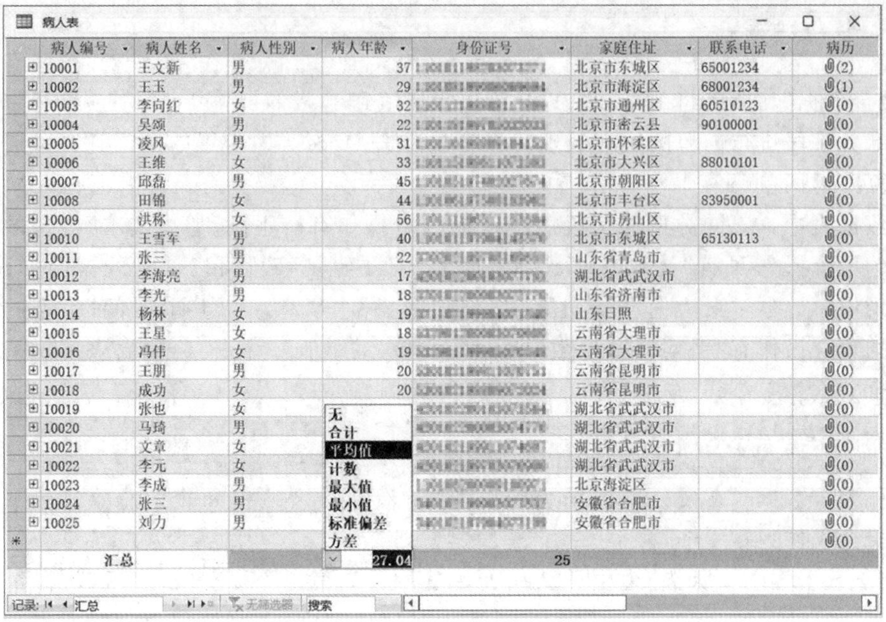

图 2-45　聚合操作计算结果

2. 隐藏"汇总"行

如果暂时不需要显示"汇总"行，可以将其隐藏；当再次显示该行时，Access 会记住数据表中对每列应用的函数，该行会显示为以前的状态。

隐藏"汇总"行的操作方法如下。

① 在数据表视图中打开一张具备"汇总"行的表。

② 选择"开始"选项卡"记录"组中的"合计"命令，Access 将自动隐藏"汇总"行。

第3章 查询设计

学习目标

❖ 掌握查询的功能和类型。
❖ 掌握使用"查询向导"和"设计视图"创建查询的方法。
❖ 掌握创建"选择查询""交叉表查询""参数查询""操作查询"的方法。
❖ 了解结构化查询语言 SQL，掌握基本的 SQL 查询方法。

通常，数据被保存在数据库的数据表中，用户不仅能够浏览数据，对数据进行排序和筛选，还可以对数据进行检索和分析。

数据库管理系统的功能在于存储数据和处理数据，在处理数据方面，其强大的查询功能，让用户能够很方便地从海量数据中找到所需的数据。查询是 Access 数据库的对象之一，使用查询对象可以将查询命令预先保存，在需要时运行查询对象即可自动执行查询中规定的查询命令，从而大大方便了用户执行查询操作。查询结果还可以作为其他数据库对象（如窗体和报表等）的数据来源。本章将介绍查询的功能和分类，以及各类查询的创建与使用。

3.1 查询概述

在日常学习和生活中，经常会遇到一些查询操作，例如，在学校的教学管理系统中，教师可以查询本学期的教学任务，学生可以查询期末考试成绩等。查询是一种按照查询条件从 Access 数据库表或已建立的查询中检索所需数据的方法。

在实际生活中，用户对数据库的数据处理往往不会仅仅针对某一张数据表，而是需要综合利用多张数据表来完成任务。因此，在建立查询之前，一定要先建立表间关系。

3.1.1 查询的功能

查询的目的是根据指定的条件对表或已建立的查询进行检索，查找符合条件的记录构成一个新的数据集合，以便于对数据进行查看和分析。在 Access 中，利用查询可以实现很多功能。

1. 选择字段

在查询的过程中，可以只选择表中的部分字段。例如，建立一个查询，只显示"医生表"中每位医生的"医生姓名""医生性别""医生职称"和"工作时间"字段。利用查询的这一功能，可以通过选择一张表中的不同字段生成所需的多张表。

2. 选择记录

根据特定条件查找所需的记录，并显示找到的记录。例如，建立一个查询，只显示"医生表"中 1983 年参加工作的女医生记录。

3. 编辑记录

编辑记录主要包括添加记录、修改记录和删除记录等。在 Access 中，可以利用查询添加、修改和删除表中的记录。例如，将年龄超过 50 岁的病人从"病人表"中删除。

4. 实现计算

查询不仅可以查找满足条件的记录，还可以在建立查询的过程中进行各种统计计算，如计算"病人表"中病人的平均年龄。另外，还可以建立一个计算字段，利用计算字段保存计算的结果，如根据"医生表"中的"工作时间"字段计算每位医生的工龄。

5. 建立新表

利用查询结果可以建立一张新表。例如，查找"病人表"中年龄小于或等于 20 岁的病人记录并存放到一张新表中。

6. 建立基于查询的报表和窗体

为了从一张或多张表中选择合适的数据显示在窗体或报表中，可以先建立一个查询，然后将该查询结果作为窗体或报表的数据源。每次打印窗体或报表时，该查询就会自动从它的基表中检索符合条件的新记录，从而提高了窗体和报表的使用效果。

一般来说，查询结果仅仅是一个临时的动态数据表，当关闭查询的数据表视图时，保存的是查询的结果，并非该查询结果的动态数据表。

3.1.2　查询的类型

使用查询可以按照不同的方式来查看、更改和分析数据。在 Access 中，提供了选择查询、交叉表查询、参数查询、操作查询和 SQL 查询 5 种类型的查询。这 5 种查询的应用目标不同，对数据源的操作方式和操作结果也不同。

1. 选择查询

"选择查询"可以根据给定的查询条件，从一个或多个数据源中获取数据并显示结果；也可以利用查询条件对记录进行分组，并进行求和、计数、求平均值等运算。例如，查找 1970 年参加工作的男医生、统计各类职称的医生人数等。Access 的选择查询主要包括简单选择查询、统计查询、重复项查询、不匹配项查询等类型。

2. 交叉表查询

"交叉表查询"能够汇总字段数据，汇总计算的结果显示在行与列交叉的单元格中。交叉表查询可以进行平均值、合计、计数、最大值和最小值等计算。例如，统计各科室的男女医生人数，可以将"科室名称"字段作为交叉表的行标题，"医生性别"字段作为交叉表的列标题，对"医生编号"字段的统计计数显示在交叉表行与列交叉的单元格中。

3. 参数查询

"参数查询"是一种根据输入的条件或参数来检索记录的查询。例如，可以设计一个或者多个参数查询，输入不同的值得到不同的结果。因此，参数查询可以提高查询的灵活性。执行参数查询时，会打开一个信息输入提示对话框。可以将参数查询作为窗体和报表的数据源。

4. 操作查询

"操作查询"与"选择查询"类似，都需要指定查询条件，但"选择查询"是检索符合特定条件的一组记录，而"操作查询"是在查询操作中对检索到的记录进行删除、更新等操作。

操作查询有 4 种类型，分别是生成表查询、删除查询、更新查询和追加查询。

5. SQL 查询

"SQL 查询"是使用 SQL 语句创建的查询，包括联合查询、传递查询、"数据定义查询"和子查询 4 种。"联合查询"是将两张及以上的表或查询对应的多个字段的记录合并为一张查询表中的记录。"传递查询"是直接将命令发送到 ODBC 数据库服务器中，由另一个数据库来执行查询。"数据定义查询"可以创建、删除或更改表，或者在当前数据库中创建索引。"子查询"是基于主查询的查询，一般可以在查询"设计网格"的"字段"行中输入"SQL SELECT"语句来定义新字段，或者在"条件"行中定义字段的查询条件。使用子查询作为查询条件对某些结果进行测试，可以查找主查询中大于、小于或等于子查询返回值的值。

3.1.3 查询的条件

对于初学者来说，查询条件是相对复杂的一个要素，也是建立查询正确与否的关键因素。查询数据需要指定相应的查询条件。查询条件可以是运算符、常量、字段值、函数、字段名和属性等能够计算出一个结果的任意组合。

下面将分别介绍这些查询条件。

1. 表达式的基本符号

表达式是一个或一个以上的字段、函数、运算符、内存变量或常量的组合。实际上，表达式与数学式子非常相似，在建立表达式时，必须注意以下基本符号（以下符号必须是英文半角符号）。

① []：一对中括号中的内容表示一个字段，如"[工作时间]"。

② " "：一对引号中的内容表示一个常量字符串，如"北京市海淀区"。

③ ♯：一对井号中的内容是一个日期数据，如"♯2008-08-08♯"表示 2008 年 8 月 8 日。

④ &：可以将两个文本连接为一个文本串，如"北京"&"奥运"等价于"北京奥运"。

2. 运算符

运算符是构成查询条件的基本元素。Access 提供了关系运算符、逻辑运算符、特殊运算符和对象运算符 4 种运算符。这 4 种运算符及其含义如表 3-1～表 3-4 所示。

表 3-1　关系运算符及其含义

关系运算符	说明	关系运算符	说明
=	等于	<>	不等于
<	小于	<=	小于等于
>	大于	>=	大于等于

表 3-2　逻辑运算符及其含义

逻辑运算符	含义	说明
Not(单目运算符)	非	当 Not 连接的表达式为真时，整个表达式为假
And(双目运算符)	与	当 And 连接的两个表达式均为真时，整个表达式为真，否则为假
Or(双目运算符)	或	当 Or 连接的两个表达式均为假时，整个表达式为假，否则为真

表 3-3　特殊运算符及其含义

特殊运算符	说明
In	用于指定一个字段值的列表，列表中的任意一个值都可与查询的字段相匹配
Between	用于指定一个字段值的范围。指定的范围之间用 And 连接
Like	用于指定查找文本字段的字符模式。在所定义的字符模式中，用"?"表示该位置可匹配任何一个字符；用"＊"表示该位置可匹配任何多个字符；用"♯"表示该位置可匹配一个数字；用方括号描述一个范围，用于指定可匹配的字符范围
Is Null	用于指定一个字段为空
Is Not Null	用于指定一个字段为非空

Access 包括两种对象运算符，分别是"!"运算符和"."运算符，其含义和作用如表 3-4 所示。

表 3-4　对象运算符及其含义和作用

对象运算符	含义	作用
!	引用某个对象或控件，该对象或控件由用户定义	指出随后出现的是用户定义的项
.	引用对象的属性或方法，该属性或方法通常由 Access 定义	指出随后出现的是 Access 定义的项

"!"运算符用来引用集合中由用户定义的一个对象或控件，应用示例如表 3-5 所示。

表 3-5 使用"!"运算符引用对象示例

运算符	示例	示例含义
!	Forms![医生基本信息管理]	引用打开着的"医生基本信息管理"窗体
	[医生表]![医生编号]	引用打开着的"医生表"中的"医生编号"字段

"."运算符用来引用对象的属性或方法，该属性或方法通常由 Access 定义，也可以用"."运算符引用 SQL 语句中的字段值，应用示例如表 3-6 所示。

表 3-6 使用"."运算符引用对象示例

运算符	示例	示例含义
.	Forms![登录]![密码].value	引用"登录"窗体"密码"控件的 value 属性
	DoCmd.Close	引用 VBA 中的 Close 方法
	SELECT 医生表.医生编号,医生表.医生职称,科室表.科室名称	引用"医生表"中的"医生编号"和"医生职称"字段,引用"科室表"中的"科室名称"字段

3. 函数

Access 提供了大量的内置函数，如算术函数、字符函数、日期/时间函数、统计函数等。Access 常用函数格式及其功能参见附录 A。

4. 使用文本值作为查询条件

使用文本值作为查询条件可以限定查询的文本范围，应用示例如表 3-7 所示。

表 3-7 使用文本值作为查询条件示例

字段名	条件	功能
职称	"主任医师"	查询职称为"主任医师"的记录
	"主任医师" Or "副主任医师"	查询职称为"主任医师"或"副主任医师"的记录
	Right([职称],4)="主任医师"	
	InStr([职称],"主任医师")=1 Or InStr([职称],"主任医师")=2	
	InStr([职称],"主任医师")<>"0"	

续表

字段名	条件	功能
姓名	In("李娜","王志")	查询姓名为"李娜"或"王志"的记录
	"李娜" Or"王志"	
	Left([姓名], 1)="王"	查询姓"王"的记录
	Like"王 * "	
科室名称	Right([科室名称], 2)="外科"	查询科室名称最后两个字为外科的记录
医生编号	Mid([病人编号], 4, 2)="03"	查询病人编号第4个和第5个字符为03的记录

5. 使用日期结果作为查询条件

使用日期结果作为查询条件可以限定查询的时间范围,应用示例如表3-8所示。

表3-8 使用日期结果作为查询条件示例

字段名	条件	功能
工作时间	Between ♯1999-01-01♯ And ♯1999-12-31♯	查询1999年参加工作的记录
	Year([工作时间])=1999	
	<Date()-15	查询15天前参加工作的记录
	BetweenDate() And Date( )-20	查询20天之内参加工作的记录
	Year([工作时间])=1999 And Month([工作时间])=4	查询1999年4月参加工作的记录

6. 使用字段的部分值作为查询条件

使用字段的部分值作为查询条件可以限定查询范围,应用示例如表3-9所示。

表3-9 使用字段的部分值作为查询条件示例

字段名	条件	功能
科室名称	Like"神经 * "	查询科室名称以"神经"开头的记录
	Left([科室名称], 2)="神经"	
	Like" * 外科 * "	查询科室名称中包含"外科"的记录
姓名	Not"王 * "	查询不姓王的记录
	Left([姓名], 1)<>"王"	

7. 使用空值或空字符串作为查询条件

空值是使用Null或空白来表示字段的值。空字符串是用双引号括起来的字符串,且双引号中间没有空格,应用示例如表3-10所示。

表 3-10　使用空值或空字符串作为查询条件示例

字段名	条件	功能
姓名	Is Null	查询姓名为 Null(空值)的记录
	Is Not Null	查询姓名有值(不是空值)的记录
电话号码	" "	查询没有电话号码的记录

3.1.4　创建查询的方法

创建查询的方法主要有两种：使用查询向导和使用查询设计视图。

1. 使用查询向导创建查询

使用查询向导创建查询比较简单，用户可以在向导引导下选择一张或多张表，一个或多个字段，但不能设置查询条件。

选择"创建"选项卡"查询"组中的"查询向导"命令，弹出"新建查询"对话框，该对话框中显示了 4 种创建查询的向导，如图 3-1 所示。

图 3-1　"新建查询"对话框

2. 使用查询设计视图创建查询

在实际应用中，需要创建多种多样的带条件或不带条件的查询，使用查询向导创建查询虽然快速、方便，但它只能创建简单的不带条件的查询；而对于有条件的查询，则往往需要使用查询设计视图创建。

查询有 3 种视图，分别是设计视图、数据表视图、SQL 视图。在设计视图中可以创建带条件或不带条件的查询，还可以修改已建立的查询。

打开某个 Access 数据库，选择"创建"选项卡"查询"组中的"查询设计"命令，进入查询设计视图，如图 3-2 所示。

查询设计视图窗口分为上下两部分，上半部分为字段列表区，显示所选表的所有字段；下半部分为设计网格区，设计网格区中的每一列对应查询动态集中的一个字段，每

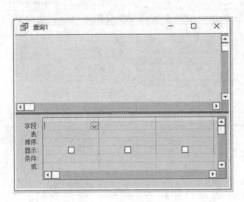

图 3-2　查询设计视图

一项对应字段的一个属性或要求。查询设计网格中各行的作用如表 3-11 所示。

表 3-11　查询设计网格中各行的作用

行的名称	作用
字段	设置查询对象时要选择的字段
表	设置字段所在的表或查询的名称
排序	定义字段的排序方法
显示	定义选择的字段是否在数据表视图中显示
条件	设置字段限制条件
或	设置"或"条件来限定记录的选择

提示：对于不同类型的查询，设计网格中包含的行项目会有所不同。

3.2　创建选择查询

"选择查询"可以根据指定的条件，从一个或多个数据源中获取记录，对记录进行分组；还可以对记录进行汇总、计数、平均值及其他类型计算的查询。创建选择查询有两种方式：使用查询向导和使用设计视图。使用查询向导创建查询相对简单，在创建的过程中逐步选择所需参数即可，使用设计视图可以创建满足各种条件的查询并进行各种统计计算。

3.2.1　使用查询向导创建选择查询

用户可以在查询向导的引导下一步步完成选择查询的创建，但不能设置查询条件。

1. 使用"简单查询向导"创建选择查询

这里所创建的查询基于一个数据源。

【例 3-1】　查找"医生表"中的记录，并显示"医生姓名""医生性别""医生职称"和"工作时间”等字段信息。

其操作方法如下。

① 启动 Access 2016，打开“医院管理 . accdb”数据库。

② 选择“创建”选项卡“查询”组中的“查询向导”命令，弹出“新建查询”对话框。

③ 在弹出的对话框中选择“简单查询向导”选项，单击“确定”按钮，弹出“简单查询向导”对话框。

④ 选择查询数据源。在对话框中，单击“表/查询”右侧的下拉按钮，在弹出的下拉列表中选择“表：医生表”选项，这时“可用字段”列表框中将显示“医生表”中的所有字段。双击“医生姓名”字段，将其添加到“选定字段”列表框中，使用同样方法将“医生性别”“医生职称”和“工作时间”字段添加到“选定字段”列表框中，单击“下一步”按钮，如图 3-3 所示。

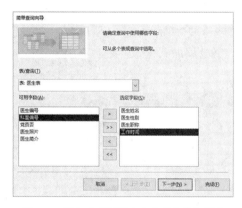

图 3-3 添加字段到“选定字段”列表框中

⑤ 指定查询名称。在“请为查询指定标题”文本框中输入所需的查询名称，也可以使用默认标题。如果要打开查询查看结果，则选中“打开查询查看信息”单选按钮即可；如果要修改查询设计，则选中“修改查询设计”单选按钮即可。这里选中“打开查询查看信息”单选按钮。

⑥ 单击“完成”按钮完成创建，查询结果如图 3-4 所示。

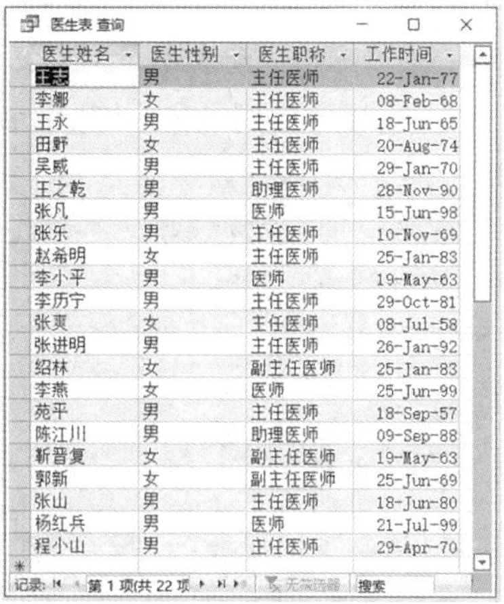

医生表 查询

医生姓名	医生性别	医生职称	工作时间
王志	男	主任医师	22-Jan-77
李娜	女	主任医师	08-Feb-68
王永	男	主任医师	18-Jun-65
田野	女	主任医师	20-Aug-74
吴威	男	主任医师	29-Jan-70
王之乾	男	助理医师	28-Nov-90
张凡	男	医师	15-Jun-98
张乐	男	主任医师	10-Nov-69
赵希明	女	主任医师	25-Jan-83
李小平	男	医师	19-May-63
李历宁	男	主任医师	29-Oct-81
张爽	女	主任医师	08-Jul-58
张进明	男	主任医师	26-Jan-92
绍林	女	副主任医师	25-Jan-83
李燕	女	医师	25-Jun-99
苑平	男	主任医师	18-Sep-57
陈江川	男	助理医师	09-Sep-88
靳晋复	女	副主任医师	19-May-63
郭新	女	副主任医师	25-Jun-69
张山	男	主任医师	18-Jun-80
杨红兵	男	医师	21-Jul-99
程小山	男	主任医师	29-Apr-70

记录: 第 1 项(共 22 项 无筛选器 搜索

图 3-4 “医生表”查询结果

使用简单查询向导既可以基于一张表或一个查询创建查询，也可以基于多张表或多个查询创建查询。

【例3-2】 查找每位病人的就诊情况，并显示"病人编号""病人姓名""就诊日期""医生姓名"和"科室名称"字段，查询名称为"病人就诊情况"。

其操作方法如下：

① 启动Access 2016，打开"医院管理.accdb"数据库。

② 选择"创建"选项卡"查询"组中的"查询向导"命令，弹出"新建查询"对话框。

③ 在该对话框中选择"简单查询向导"选项，单击"确定"按钮，弹出"简单查询向导"对话框。单击"表/查询"右侧的下拉按钮，在弹出的下拉列表中选择"表：病人表"选项，分别双击"可用字段"列表框中的"病人编号"和"病人姓名"字段，将它们添加到"选定字段"列表框中。

④ 使用相同方法，将"就诊表"中的"就诊日期"字段，"医生表"中的"医生姓名"字段和"科室表"中的"科室名称"字段添加到"选定字段"列表框中，结果如图3-5所示。

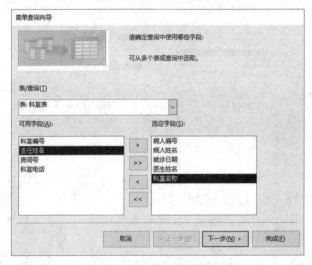

图3-5　字段选定结果

⑤ 单击"下一步"按钮，确定建立"明细"查询还是"汇总"查询，如果建立"明细"查询，则会查看详细信息；如果建立"汇总"查询，则会对一组或全部记录进行各种统计。这里选择建立"明细"查询，故选中"明细"单选按钮。

⑥ 单击"下一步"按钮，在"请为查询指定标题"文本框中输入标题。

⑦ 单击"完成"按钮完成创建，查询结果如图3-6所示。

提示：在数据表视图中显示查询结果时，字段排列顺序与"简单查询向导"对话框中选定字段的顺序相同。

2. 使用"查找重复项查询向导"创建查询

如果要确定表中是否有相同记录或字段是否具有相同值，可以通过"查找重复项查询向导"建立重复查询。

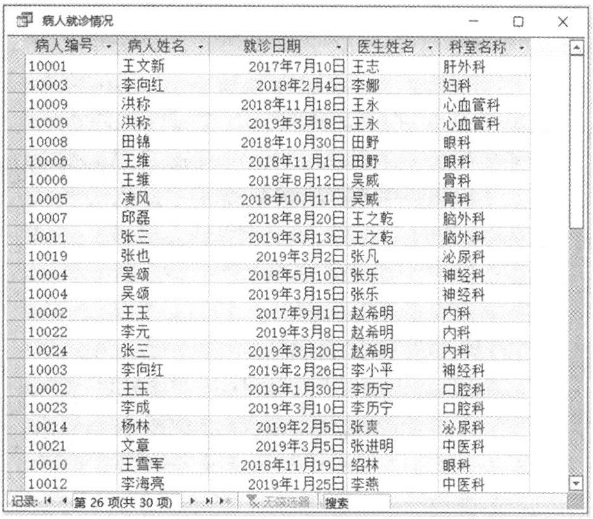
病人就诊情况

病人编号	病人姓名	就诊日期	医生姓名	科室名称
10001	王文新	2017年7月10日	王志	肝外科
10003	李向红	2018年2月4日	李娜	妇科
10009	洪称	2018年11月18日	王永	心血管科
10009	洪称	2019年3月18日	王永	心血管科
10008	田锦	2018年10月30日	田野	眼科
10006	王维	2018年11月1日	田野	眼科
10006	王维	2018年8月12日	吴威	骨科
10005	凌风	2018年10月11日	吴威	骨科
10007	邱磊	2018年8月20日	王之乾	脑外科
10011	张三	2019年3月13日	王之乾	脑外科
10019	张也	2019年3月2日	张凡	泌尿科
10004	吴颂	2018年5月10日	张乐	神经科
10004	吴颂	2019年3月15日	张乐	神经科
10002	王玉	2017年9月1日	赵希明	内科
10022	李元	2019年3月8日	赵希明	内科
10024	张三	2019年3月20日	赵希明	内科
10003	李向红	2019年2月26日	李小平	神经科
10002	王玉	2019年1月30日	李历宁	口腔科
10023	李成	2019年3月10日	李历宁	口腔科
10014	杨林	2019年2月5日	张爽	泌尿科
10021	文章	2019年3月5日	张进明	中医科
10010	王雪军	2018年11月19日	绍林	眼科
10012	李海亮	2019年1月25日	李燕	中医科

记录: 第 26 项(共 30 项) 无筛选器 搜索

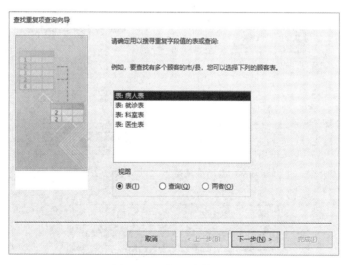

图 3-6　病人就诊情况查询结果

【例 3-3】 查找“病人表”中是否有重名病人，如果有，则显示“病人编号”“病人姓名”和“病人性别”字段信息，查询名称为“病人重名查询”。

其操作方法如下。

① 在“新建查询”对话框中选择“查找重复项查询向导”选项，单击“确定”按钮，弹出“查找重复项查询向导”对话框。

② 选择查询数据源。在对话框的列表框中选择“表：病人表”选项，如图 3-7 所示，单击“下一步”按钮。

图 3-7　选择查询数据源

③ 选择包含重复信息的字段。双击“病人姓名”字段，将其添加到“重复值字段”列表框中，如图 3-8 所示，单击“下一步”按钮。

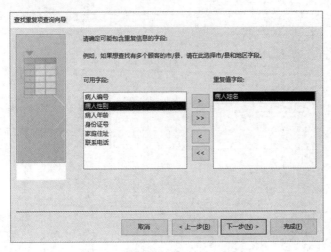

图 3-8　选择包含重复信息的字段

④ 选择重复字段之外的其他字段。分别双击"病人编号"和"病人性别"字段，将它们添加到"另外的查询字段"列表框中，如图 3-9 所示，单击"下一步"按钮。

⑤ 指定查询名称。在"指定查询名称"文本框中输入"病人重名查询"，选中"查看结果"单选按钮，单击"完成"按钮完成创建，查询结果如图 3-10 所示。

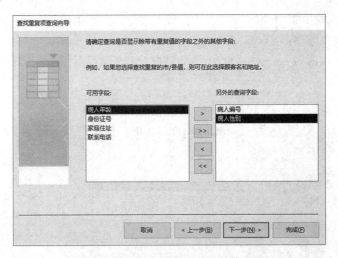

图 3-9　选择重复字段之外的其他字段

图 3-10　病人重名查询结果

3. 使用"查找不匹配项查询向导"创建查询

在关系数据库中,当建立了一对多的关系后,通常"一方"表的每一条记录与"多方"表的多条记录相匹配。但是,也可能存在"多方"表中没有记录与之匹配的情况。例如,在"医院管理.accdb"数据库中,可能会出现某些医生没有病人就诊的情况,为了找出这种情况,可通过"查找不匹配项查询向导"实现。

【例3-4】 查找没有就诊记录的医生信息,并显示"医生编号"和"医生姓名"字段。

其操作方法如下。

① 在"新建查询"对话框中选择"查找不匹配项查询向导"选项,单击"确定"按钮,弹出"查找不匹配项查询向导"对话框。

② 选择在查询结果中包含记录的表。在对话框的列表框中选择"表:医生表"选项,如图3-11所示,单击"下一步"按钮。

图3-11 选择在查询结果中包含记录的表

③ 选择包含相关记录的表。在对话框的列表框中选择"表:就诊表"选项,如图3-12所示,单击"下一步"按钮。

图3-12 选择包含相关记录的表

④ 确定在两张表中的都有的信息。Access 将自动找出相匹配的字段"医生编号"，如图 3-13 所示，单击"下一步"按钮。

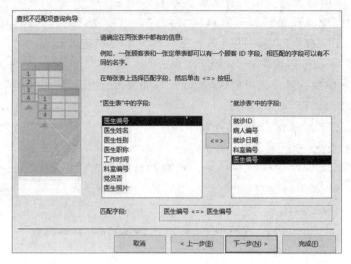

图 3-13　确定在两张表中都有的信息

⑤ 确定查询中需要显示的字段。分别双击"医生编号"和"医生姓名"字段，将它们添加到"选定字段"列表框中，如图 3-14 所示，单击"下一步"按钮。

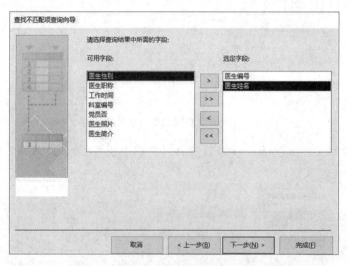

图 3-14　确定查询中需要显示的字段

⑥ 指定查询名称。在"请指定查询名称"文本框中输入"无就诊记录的医生查询"，选中"查看结果"单选按钮，如图 3-15 所示。

⑦ 单击"完成"按钮完成创建，查询结果如图 3-16 所示。

图 3-15　指定查询名称

图 3-16　无就诊记录医生查询结果

3.2.2　使用设计视图创建查询

使用查询向导创建查询虽然很简单，但它只能创建不带条件的查询。在实际应用中，需要创建的选择查询多种多样，对于有条件的查询、复杂的查询或带参数的查询，往往使用设计视图来实现。

1. 在设计视图中创建查询的步骤

① 认真分析题目，从题目中得出建立查询所需的字段。

② 分析所需字段分别来自哪些表，并记住这些表，这些表就是查询的数据源。

③ 选择"创建"选项卡"查询"组中的"查询设计"命令，进入查询设计视图。

④ 选择查询的数据源。数据源包括表和查询，可以根据需要选择。

⑤ 选择所需字段。在设计视图窗口上半部分的字段列表中选择所需字段并添加到设计视图窗口下半部分的设计网格中。

⑥ 确定查询条件。根据题意在设计网格中设置查询条件。

⑦ 保存并运行查询。

2. 创建不带条件的查询

【例3-5】 查找每位医生的就诊信息，并显示"医生编号""医生姓名""就诊日期""病人姓名""病人性别"和"病人年龄"等字段，查询名称为"医生就诊信息"。

其操作方法如下。

① 分析题目。从题目中得出建立查询所需的字段，包括"医生编号""医生姓名""就诊日期""病人姓名""病人性别"和"病人年龄"6个字段。

② 所需的"医生编号"和"医生姓名"字段来自"医生表"，"就诊日期"字段来自"就诊表"，"病人姓名""病人性别"和"病人年龄"字段来自"病人表"。

③ 打开"医院管理.accdb"数据库，选择"创建"选项卡"查询"组中的"查询设计"命令，切换到查询设计视图，同时弹出"显示表"对话框，如图3-17所示。

④ 选择数据源。在"显示表"对话框中分别双击"医生编号""医生姓名""就诊日期""病人姓名""病人性别"和"病人年龄"字段，完成后单击"关闭"按钮关闭该对话框。

⑤ 确定所需字段。选择字段有3种方法：第1种是选中某字段，按住鼠标左键不放将其拖动到设计网格的字段行上；第2种是双击所需字段；第3种是选中设计网格中字段行要放置字段的列，单击显示的下拉按钮，在弹出的下拉列表中选择所需字段。这里采用第2种方法，分别双击"医生表"中的"医生编号"和"医生姓名"字段，"就诊表"中的"就诊日期"字段，"病人表"中的"病人姓名""病人性别"和"病人年龄"字段，将它们添加到"字段"行的第1～第6列上。同时，"表"行上显示了这些字段所在表的名称，如图3-18所示。

从图3-18中可以看出，在设计网格的"显示"行上每一列都有一个复选框，它的作用是确定其对应字段是否在查询结果中显示；选中复选框表示显示该字段，反之则不显示。此例中要求显示"医生编号""医生姓名""就诊日期""病人姓名""病人性别"和"病人年龄"字段，因此须确保这几个字段对应的复选框全部选中；如果其中有些字段仅作为条件使用，而不需要在查询结果中显示，则应取消选中的对应复选框。

⑥ 确定查询条件。此题不带条件，因此不用写查询条件。

⑦ 保存查询并运行查询结果。单击快速访问工具栏上的"保存"按钮，在弹出的"另存为"对话框的"查询名称"文本框中输入"医生就诊信息"，单击"确定"按钮。单击"运行"按钮自动切换到数据表视图，此时可以看到查询的运行结果如图3-19所示。

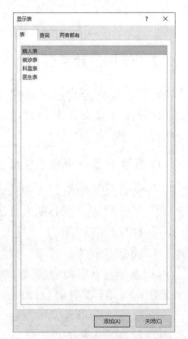

图3-17 "显示表"对话框

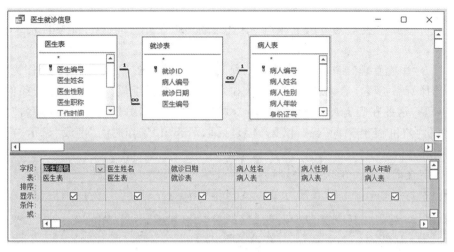

图 3-18　确定查询所需字段

医生编号	医生姓名	就诊日期	病人姓名	病人性别	病人年龄
A001	王志	2017年7月10日	王文新	男	37
A009	赵希明	2017年9月1日	王玉	男	29
A002	李娜	2018年2月4日	李向红	女	32
A008	张乐	2018年5月10日	吴颂	男	22
A005	吴威	2018年8月12日	王维	女	33
A006	王之乾	2018年8月20日	邱磊	男	45
A005	吴威	2018年10月11日	凌风	男	31
A004	田野	2018年10月30日	田锦	女	44
A004	田野	2018年11月1日	王维	女	33
A003	王永	2018年11月18日	洪称	女	56
A014	绍林	2018年11月19日	王雪军	男	40
A020	张山	2019年1月10日	张三	男	22
A015	李燕	2019年1月25日	李海亮	男	17
A011	李历宁	2019年1月30日	王玉	男	29
A016	苑平	2019年2月5日	李光	男	18
A012	张爽	2019年2月5日	杨林	女	19
A016	苑平	2019年2月18日	王星	女	18
A018	靳晋复	2019年2月25日	冯伟	女	19
A010	李小平	2019年2月26日	李向红	女	32
A017	陈江川	2019年2月28日	王朋	男	20
A019	郭新	2019年3月1日	成功	女	20
A007	张凡	2019年3月2日	张也	女	17
A020	张山	2019年3月4日	马琦	男	18
A013	张进明	2019年3月5日	文章	女	19
A009	赵希明	2019年3月8日	李元	女	22
A011	李历宁	2019年3月10日	李成	男	18
A006	王之乾	2019年3月13日	张三	男	22
A008	张乐	2019年3月15日	吴颂	男	22
A003	王永	2019年3月18日	洪称	女	56
A009	赵希明	2019年3月20日	张三	男	20

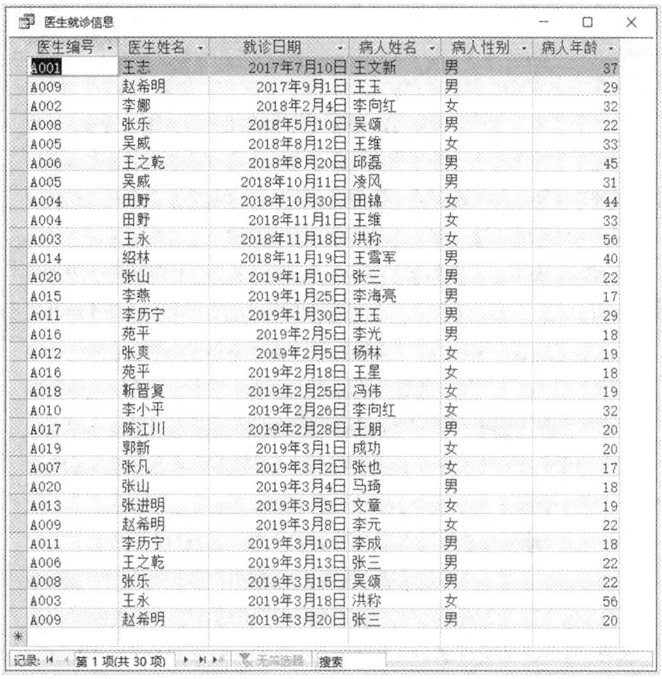

图 3-19　查询结果

3. 创建带条件的查询

【例 3-6】 查找 1970 年参加工作的男医生，并显示“医生姓名”“医生性别”和“医生职称”等字段，查询名称为“1970 年参加工作的男医生基本信息”。

其操作方法如下。

① 分析题目得出所需字段为“医生姓名”“医生性别”“医生职称”和“工作时间”4 个

字段。

② 分析得出"医生姓名""医生性别""医生职称"和"工作时间"这 4 个字段均来自"医生表"。

③ 打开"医院管理.accdb"数据库，切换到查询设计视图，选择"医生表"作为数据源。

④ 选择所需字段。查询结果没有要求显示"工作时间"字段，但由于查询条件需要使用这个字段，因此在确定查询所需字段时必须选择该字段。分别选择"医生姓名""医生性别""医生职称"和"工作时间"4 个字段，但是要取消选中"工作时间"字段"显示"行上的复选框。

⑤ 确定查询条件。在"医生性别"列的"条件"行中输入"男"，在"工作时间"字段列的"条件"行中输入"Between ♯1970/1/1♯ And ♯1970/12/31♯"，效果如图 3-20 所示。

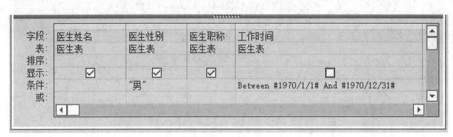

图 3-20　设置查询条件

也可以使用函数设置查询条件，在"工作时间"字段列的"条件"行中输入函数"Year([工作时间])=1970"即可。

⑥ 保存并运行查询。保存查询，将其命名为"1970 年参加工作的男医生基本信息"，单击"运行"按钮自动切换到数据表视图，此时可以看到查询的运行结果如图 3-21 所示。

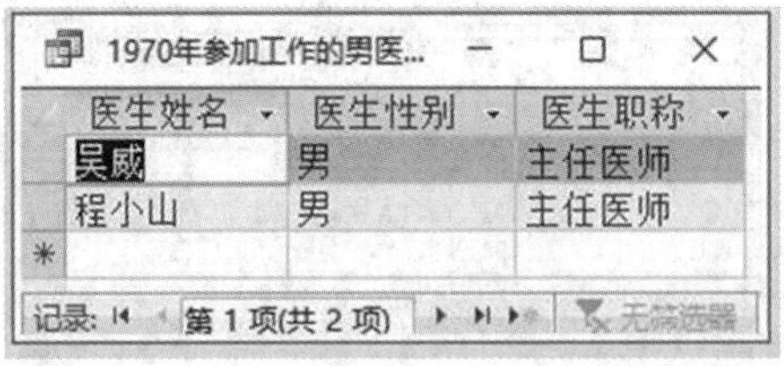

图 3-21　查询结果

提示：在本例所创建的查询中，查询条件涉及"医生性别"和"工作时间"两个字段，要求两个字段值均等于条件给定值。此时，应将两个条件同时设置在"条件"行上，若两个条件是"或"关系，应将其中一个条件放在"或"行上。

3.2.3　在查询中进行计算

前面介绍的查询仅仅是为了获取符合条件的记录，并没有对查询结果进行深入分析和利用。在实际应用中，常常需要对查询结果进行统计计算，如合计、计数、最大值和平均值等。Access 允许在查询中利用设计网格中的"总计"行进行各种统计，通过创建计算字段进行任意类型的计算。

1. 查询的计算功能

在查询中可以执行两类计算：预定义计算和自定义计算。

预定义计算即"总计"计算，在查询设计视图中，选择"查询工具/设计"选项卡"显示/隐藏"组中的"汇总"命令，可以在设计网格中插入一个"总计"行，设计网格中的每个字段，均可以通过在"总计"行中选择总计项来对查询中的一条、多条或全部记录进行计算。"总计"行包括12个总计项，其名称和含义如表3-12所示。

表3-12 "总计"行总计项的名称及含义

总计项		功能
函数	合计	求一组记录中某字段的合计值
	平均值	求一组记录中某字段的平均值
	最小值	求一组记录中某字段的最小值
	最大值	求一组记录中某字段的最大值
	计数	求一组记录中某字段的非空值个数
	StDev	求一组记录中某字段的标准偏差
其他汇总项	Group By	定义要执行计算的组
	First	求一组记录中某字段的第一个值
	Last	求一组记录中某字段的最后一个值
	Expression	创建一个由表达式产生的计算字段
	Where	指定不用于分组的字段条件

自定义计算可以用一个或多个字段的值进行数值、日期和文本计算。例如，用某个字段值乘某一数值，用两个"日期/时间"字段的值进行减法计算等。对于自定义计算，必须在设计网格中创建新的计算字段，创建方法是将表达式输入设计网格的空"字段"行上，表达式可以由多个计算组成。

2. 在查询中进行计算

在查询中，我们可能更关心的是记录的统计结果，而不是表中的记录。例如，统计医院中的男女医生人数，为了获取数据需要创建能够进行统计计算的查询，使用查询设计视图中的"总计"行，可以对查询中全部记录或记录组进行一个或多个字段的统计值计算。

（1）不带条件的统计计算

【例3-7】 统计医生总人数。

其操作方法如下。

① 分析题目得出，可以通过对"医生编号"或"医生姓名"字段进行"计数"统计得到医生总人数。

② 分析得出"医生编号"或"医生姓名"字段都来自"医生表"。

③ 打开"医院管理.accdb"数据库，切换到查询设计视图。

④ 选择"医生表"作为数据源。

⑤ 这里选择"医生编号"字段来统计计算。

⑥ 进行统计计算时要添加"总计"行，选择"查询工具/设计"选项卡"显示/隐藏"组中的"汇总"命令，这时 Access 在设计网格中插入一个"总计"行，并自动将"医生编号"字段的"总计"单元格设置为"Group By"。选中"医生编号"字段的"总计"行，单击其右侧的下拉按钮，在弹出的下拉列表中选择"计数"选项，如图 3-22 所示。

⑦ 保存并运行查询，结果如图 3-23 所示。

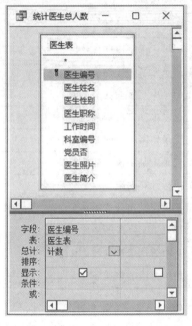

图 3-22　设置总计项　　　　　　　图 3-23　"总计"查询结果

（2）带条件的统计计算

【例 3-8】　统计 1999 年参加工作的医生人数。

其操作方法如下。

① 分析题目得出所需字段为"医生编号"和"工作时间"，其中"医生编号"字段用来进行统计人数，"工作时间"字段用来设置查询条件。

② 分析得出"医生编号"和"工作时间"两个字段均来自"医生表"。

③ 打开"医院管理.accdb"数据库，切换到查询设计视图，选择"医生表"作为数据源。

④ 选择所需字段。选中"医生编号"和"工作时间"两个字段，选择"查询工具/设计"选项卡"显示/隐藏"组中的"汇总"命令，在设计网格中插入一个"总计"行，在"医生编号"字段列的"总计"行中设置"计数"选项，在"工作时间"字段列的"总计"行中设置"Where"选项。

⑤ 确定查询条件。在"工作时间"字段列的"条件"行中输入"Year（[工作时间]）＝1999"，效果如图 3-24 所示。

⑥ 保存并运行查询，查询如图 3-25 所示。

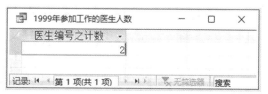

图 3-24　设置查询条件及总计项　　　　图 3-25　带条件的"总计"查询结果

提示：在该查询中，由于"工作时间"字段只作为条件，并不参与计算或分组，因此在"工作时间"字段列的"总计"行上选择了"Where"选项，这是因为 Access 规定"Where"总计项指定的字段不能出现在查询结果中。

3. 在查询中进行分组统计

如果需要对记录进行分组统计，则可以使用分组统计功能。即在设计视图中将用于分组字段的"总计"行总计项设置为"Group By"。

【例 3-9】 统计各科室医生基本信息，要求显示"科室名称""医生姓名""医生性别""医生职称""工作时间"和"医生简介"等字段，查询名称为"各科室医生信息"。

其操作方法如下。

① 分析得出"科室名称"字段来自"科室表"，"医生姓名""医生性别""医生职称""工作时间"和"医生简介"字段来自"医生表"。

② 打开"医院管理.accdb"数据库，切换到查询设计视图。

③ 选择"科室表"和"医生表"作为数据源。

④ 选择所需字段到设计网格。选择"查询工具/设计"选项卡"显示/隐藏"组中的"汇总"命令，在设计网格中插入一个"总计"行，将所有字段的总计项都设置成"Group By"，如图 3-26 所示。

图 3-26　设置分组总计项

⑤ 保存并运行查询，结果如图 3-27 所示。

各科室医生信息

科室名称	医生姓名	医生性别	医生职称	工作时间	医生简介
妇科	李娜	女	主任医师	08-Feb-68	擅长：女性不孕症、月经失调、慢性盆腔炎、痛
妇科	苑平	男	主任医师	18-Sep-57	擅长：运用中医疗法治疗女性不孕症、月经不调、
肝外科	陈江川	男	助理医师	09-Sep-88	擅长：暂无介绍
肝外科	王志	男	主任医师	22-Jan-77	擅长：各种病毒性、酒精性肝病、肝纤维化、肝
骨科	郭新	女	副主任医师	25-Jun-69	擅长：儿童股骨头坏死、骨伤特色疗法及现代微
骨科	吴威	男	主任医师	29-Jan-70	擅长：擅长颈椎病、腰椎间盘突出、腰椎管狭窄、
口腔科	李历宁	男	主任医师	29-Oct-81	擅长：灼口综合症、复发性口腔溃疡、干燥综合
口腔科	杨红兵	男	医师	21-Jul-99	擅长：暂无介绍
泌尿科	张凡	男	医师	15-Jun-98	擅长：尿路感染，尿路结石
泌尿科	张爽	女	主任医师	08-Jul-58	擅长：肾结石、输尿管结石的药物和微创手术治
内科	赵希明	女	主任医师	25-Jan-83	擅长：中医、中西医结合治疗头痛、失眠、脑血
脑外科	王之乾	男	助理医师	28-Nov-90	擅长：神经外科微创治疗，立体定向，脑出血、
脑外科	张山	男	主任医师	18-Jun-80	擅长：血管外科、普通外科的中西医结合治疗、
普外科	程小山	男	主任医师	29-Apr-70	擅长：1男性乳腺发育的中西医结合治疗 2美容整
神经科	李小平	男	医师	19-May-63	擅长：熟练掌握神经外科脑外伤、脑出血危重病
神经科	张乐	男	主任医师	10-Nov-69	擅长：神经外科微创治疗，立体定向，脑出血、
心血管科	靳晋复	女	副主任医师	19-May-63	擅长：糖尿病足坏疽、脉管炎、静脉曲张、深静
心血管科	王永	男	主任医师	18-Jun-65	擅长：冠心病、瓣膜性心脏病、先天性心脏病、
眼科	绍林	女	副主任医师	25-Jan-83	擅长：干眼症、角结膜炎、流泪、屈光不正、睑
眼科	田野	女	主任医师	20-Aug-74	擅长：色素膜炎、糖尿病眼底病、黄斑变性、干
中医科	李燕	女	医师	25-Jun-99	擅长：善于运用中医经典理论治疗脱发，失眠，
中医科	张进明	男	主任医师	26-Jan-92	擅长：中药汤剂调理。治疗各种眩晕，耳石症、

记录：第 1 项(共 22 项)　无筛选器　搜索

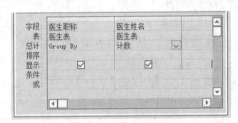

图 3-27　查询结果

【例 3-10】 计算各类职称的医生人数。

在查询设计视图中进行如图 3-28 所示的设置，查询结果如图 3-29 所示。

字段:	医生职称	医生姓名
表:	医生表	医生表
总计:	Group By	计数
排序:		
显示:	☑	☑
条件:		
或:		

图 3-28　设置分组总计项

各类职称医生人数

医生职称	医生姓名之计数
副主任医师	3
医师	4
主任医师	13
助理医师	2

记录：第 1 项(共 4 项)　无筛选器

图 3-29　查询结果

提示：无论是一般统计还是分组统计，显示统计结果的字段名往往可读性都比较差，如本例中的“医生姓名之计数”，事实上，Access 允许重命名字段。重命名字段的方法有两种，一种是在设计网格"字段"行中直接修改字段名，另一种是利用"属性表"对话框来修改字段名。

【例 3-11】 将上例显示的字段名"医生姓名之计数"改为"医生人数"。

其操作方法如下。

① 将"各类职称医生人数"查询切换到查询设计视图。

② 在设计网格"医生姓名"字段的"医生姓名"前输入"医生人数:"，如图 3-30 所示；或者右击"医生姓名"字段，在弹出的快捷菜单中选择"属性"命令，弹出"属性表"对话框，在"标题"属性栏中输入"医生人数"，如图 3-31 所示。

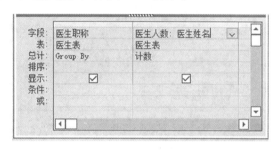

图 3-30 直接命名字段标题

③ 切换到数据表视图，查询结果如图 3-32 所示。

图 3-31 用属性表命名字段标题

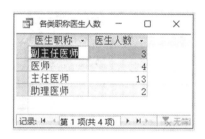

图 3-32 字段标题更改后的查询结果

4. 添加计算字段

有时需要统计的字段并未出现在数据源中，或者用于计算的数据值来自多个字段，此时可在设计网格中添加一个新字段——计算字段。

【例 3-12】 查找并计算"医生表"中各位医生的工龄，显示"医生表"中的所有字段及新添加的"工龄"字段。

分析： 由于"医生表"中的"工龄"字段不存在，所以只能通过计算得到。计算的表达式为"Round((Date()−[工作时间])/365,0)"，用 Round() 函数对工龄进行四舍五入保留整年数。

其操作方法如下。

① 打开"医院管理.accdb"数据库，切换到查询设计视图。

② 选择数据源为"医生表"。

③ 确定所需字段。选择"医生表"字段下拉列表中的"医生表 . ＊"字段，添加"工龄"字段。

④ 在"工龄"字段后输入计算工龄的表达式：Round((date()－[工作时间])/365，0)，如图3-33所示。

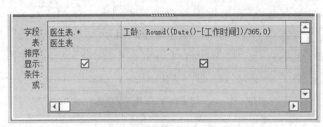

图3-33　计算工龄的设计

⑤ 保存并运行查询，结果如图3-34所示。

医生编号	医生姓名	医生性别	医生职称	工作时间	科室编号	党员否	医生照片	医生简介	工龄
A001	王志	男	主任医师	22-Jan-77	007	Yes		擅长：各种病毒性、酒精性肝病、肝	46
A002	李娜	女	主任医师	08-Feb-68	004	No		擅长：女性不孕症、月经失调、慢性	55
A003	王永	男	主任医师	18-Jun-65	006	Yes		擅长：冠心病、瓣膜性心脏病、先天性	57
A004	田野	女	主任医师	20-Aug-70	004	Yes		擅长：色素膜炎、糖尿病眼底病、黄斑	48
A005	吴威	男	主任医师	29-Jun-70	005	No		擅长：擅长颈椎病、腰椎间盘突出、	53
A006	王之乾	男	助理医师	28-Nov-90	008	No		擅长：神经外科微创治疗、立体定向	32
A007	张凡	男	医师	15-Jun-98	012	Yes		擅长：尿路感染、尿路结石	24
A008	张乐	男	主任医师	10-Nov-69	011	No		擅长：神经外科微创治疗、立体定向	53
A009	赵希明	男	主任医师	25-Jan-83	001	No		擅长：中医、中西医结合治疗头痛、	40
A010	李小平	男	医师	19-May-63	011	No		擅长：熟练掌握神经外科脑外伤、脑	59
A011	李历宁	男	主任医师	29-Oct-81	010	No		擅长：灼口综合症、复发性口腔溃疡	41
A012	张爽	女	主任医师	08-Jul-58	012	Yes		擅长：肾结石、输尿管结石的药物和	64
A013	张进明	男	主任医师	26-Jan-92	009	No		擅长：中药汤剂调理。治疗各种眩晕	31
A014	绍林	男	副主任医师	25-Jan-83	005	Yes		擅长：干眼症、角结膜病、屈	40
A015	李燕	女	医师	25-Jan-99	009	No		擅长：善于运用中医经典理论治疗胃	23
A016	宛平	女	主任医师	18-Sep-57	003	Yes		擅长：中医疗法治疗女性不孕症、	65
A017	陈江川	男	助理医师	09-Sep-88	007	No		擅长：暂无介绍	34
A018	靳晋复	女	副主任医师	19-May-63	006	No		擅长：糖尿病足坏疽、脉管炎、静脉	59
A019	郭新	男	副主任医师	13-Jun-65	002	Yes		擅长：儿童股骨头坏死、骨伤特色疗	53
A020	张山	男	主任医师	18-Jun-80	008	No		擅长：血管外科、普通外科的中西医	42
A021	杨红兵	男	医师	21-Jul-99	010	No		擅长：暂无介绍	23
A022	程小山	男	主任医师	29-Apr-70	002	No		擅长：1男性乳腺发育的中西结合治	52

图3-34　查询结果

3.3　创建交叉表查询

"交叉表查询"以行和列的字段作为标题和条件选取数据，并在行和列的交叉处对数据进行统计。交叉表查询结果提供了非常清楚的汇总数据，以便于分析与使用。

3.3.1　认识交叉表查询

"交叉表查询"将来自某个表中的字段进行分组，一组列在交叉表左侧，一组列在交叉表上端，并在交叉表行和列交叉处显示表中某个字段的各种计算值。图3-35所示是一个交叉表查询的查询结

图3-35　交叉表查询示例

果，该表中第一行显示医生职称，第一列显示医生性别，行和列交叉处显示每一类职称的男女医生人数。

在创建交叉表时，需要指定3种字段：一是放在交叉表最左端的行标题，它将某一字段的各类数据放入指定的行中；二是放在交叉表最上端的列标题，它将某一字段的各类数据放入指定的列中；三是放在交叉表行与列交叉位置上的字段，需要为该字段指定一个总计项，如合计、平均值、计数等。创建交叉表查询的方法有两种，即通过交叉表查询向导或查询设计视图来创建交叉表查询。

提示：在交叉表查询中，只能指定一个列字段和一个指定总计项的字段。

3.3.2 使用查询向导创建交叉表查询

【例3-13】 使用交叉表查询向导为"医生表"创建交叉表查询，计算各职称的男女医生人数。

其操作方法如下。

① 打开"医院管理.accdb"数据库，选择"创建"选项卡"查询"组中的"查询向导"命令，在弹出的"新建查询"对话框中选择"交叉表查询向导"选项。

② 在弹出的"交叉表查询向导"对话框中选中"表"单选按钮，选择"表：医生表"选项，如图3-36所示。

③ 单击"下一步"按钮，提示"请确定用哪些字段的值作为行标题"。双击"医生职称"字段将其添加到"选定字段"列表框中，如图3-37所示。

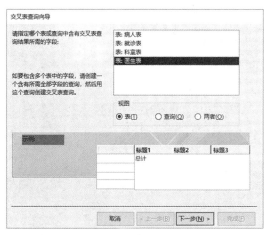

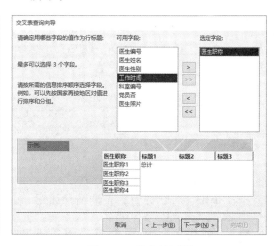

图3-36 指定表名　　　　　　　　　　　图3-37 指定行标题

④ 单击"下一步"按钮，提示"请确定用哪个字段的值作为列标题"。在"字段"列表框中选择"医生性别"字段，如图3-38所示。

⑤ 单击"下一步"按钮，提示"请确定每个列和行的交叉点计算出什么数字"。在"字段"列表框中选择"医生编号"字段，在"函数"列表框中选择"计数"函数。在"请确定是否为每一行作小计"标签下取消选中"是，包括各行小计"复选框（默认为选中），即不为每一行作小计，如图3-39所示。

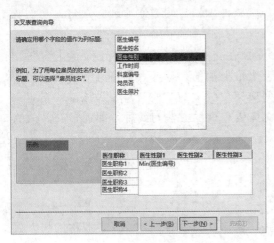

图 3-38　指定列标题　　　　　　　　　　　　　图 3-39　选定计数函数

⑥ 单击"下一步"按钮，提示"请指定查询的名称"。在文本框中输入"计算各职称的男女医生人数"，其他设置不变，如图 3-40 所示。

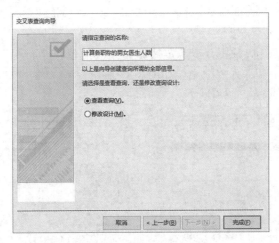

图 3-40　指定查询名称

⑦ 单击"完成"按钮，查询结果如图 3-35 所示。

3.3.3　使用设计视图创建交叉表查询

【例 3-14】 以"各科室医生信息"查询为数据源，创建交叉表查询，统计并显示各科室男女医生人数。

其操作方法如下。

① 打开"医院管理.accdb"数据库，切换到查询设计视图。

② 选择数据源为"各科室医生信息"查询。

③ 确定所需字段。将"科室名称""医生性别"和"医生姓名"字段添加到设计网格的第 1～第 3 列。

④ 选择"查询工具/设计"选项卡"查询类型"组中的"交叉表"命令，此时在设计网格中增加了"总计"行和"交叉表"行，在"总计"行上设置"科室名称"和"医生性别"字段为"Group By"，设置"医生姓名"字段为"计数"；在"交叉表"行上设置"科室名称"字段为"行标题"，设置"医生性别"字段为"列标题"，设置"医生姓名"字段为"值"，如图3-41所示。

⑤ 保存并运行查询，结果如图3-42所示。

图3-41 设置交叉表中的字段

图3-42 查询结果

3.4 创建参数查询

"选择查询"和"交叉表查询"在内容和条件上都是固定的，如果希望根据某个或某些字段不同的值来查找记录，就需要不断地更改所建查询的条件，十分麻烦。为了更灵活地实现查询，可以使用 Access 提供的参数查询。

参数查询是通过在对话框中输入参数，查询符合所输入参数的记录所实现的。用户可以建立一个参数或者多个参数的查询。

3.4.1 单参数查询

创建单参数查询即在字段中指定一个参数，在执行参数查询时，输入一个参数值。

【例3-15】 按照病人姓名查询病人的就诊信息，要求显示"病人编号""病人姓名""就诊日期""医生姓名"和"科室名称"等信息，查询名称为"按病人姓名查询就诊情况"。

其操作方法如下。

① 打开"医院管理.accdb"数据库，切换到查询设计视图。

② 选择数据源为"病人表""就诊表""医生表"和"科室表"。

③ 确定所需字段。将"病人编号""病人姓名""就诊日期""医生姓名"和"科室名称"5

个字段添加到设计网格的第 1～第 5 列。

④ 在“病人姓名”字段的“条件”行中输入“[请输入医生姓名:]”，方括号中的内容即为查询运行时出现在参数对话框中的提示文本，如图 3-43 所示。

字段: 病人编号 病人姓名 就诊日期 医生姓名 科室名称
表: 病人表 病人表 就诊表 医生表 科室表
排序:
显示:
条件: [请输入病人姓名:]
或:

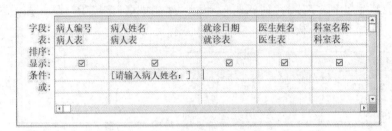

图 3-43　设置单参数查询

⑤ 保存查询，并命名为“按病人姓名查询就诊情况”。

⑥ 单击“运行”按钮运行查询，弹出“输入参数值”对话框，“请输入病人姓名:”文本框中输入“张三”，如图 3-44 所示。

输入参数值
请输入病人姓名:
确定
取消

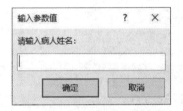

图 3-44　运行查询时输入参数值

⑦ 单击“确定”按钮，查询结果如图 3-45 所示。

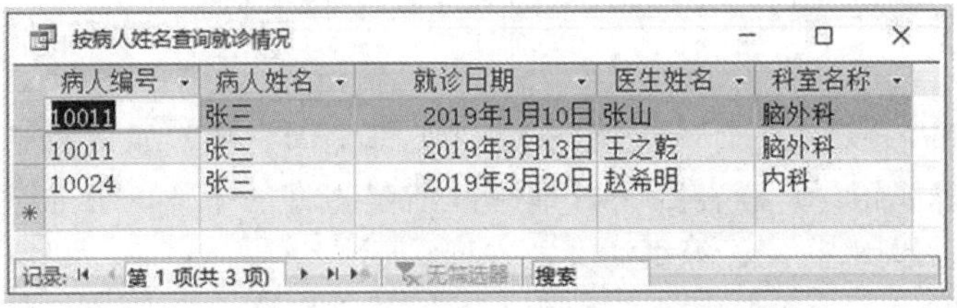

按病人姓名查询就诊情况
病人编号 病人姓名 就诊日期 医生姓名 科室名称
10011 张三 2019年1月10日 张山 脑外科
10011 张三 2019年3月13日 王之乾 脑外科
10024 张三 2019年3月20日 赵希明 内科
记录: 第 1 项(共 3 项) 无筛选器 搜索

图 3-45　单参数查询的查询结果

3.4.2　多参数查询

创建多参数查询即在字段中指定多个参数，在执行多参数查询时，需要依次输入多个参数值。

【例 3-16】 建立一个查询，显示某个科室某位医生就诊的“就诊日期”和“病人姓名”。

其操作方法如下。

① 打开“医院管理.accdb”数据库，切换到查询设计视图。

② 选择数据源为“科室表”“医生表”“就诊表”和“病人表”。

③ 确定所需字段。将“科室名称”“医生姓名”“就诊日期”和“病人姓名”4 个字段添加

到设计网格的第 1～第 4 列。

　　④ 在"科室名称"字段的"条件"行中输入"[请输入科室名称:]",在"医生姓名"字段的"条件"行中输入"[请输入医生姓名:]",如图 3-46 所示。

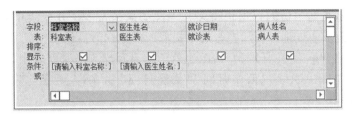

图 3-46　设置多参数查询

　　⑤ 保存查询,并命名为"按科室名称和医生姓名查询病人就诊情况"。

　　⑥ 选择"查询工具/设计"选项卡"结果"组中的"运行"命令运行查询,弹出第一个"输入参数值"对话框,在"请输入科室名称"文本框中输入"眼科",如图 3-47 所示;单击"确定"按钮,弹出第二个"输入参数值"对话框,在"请输入医生姓名"文本框中输入"田野",如图 3-48 所示。

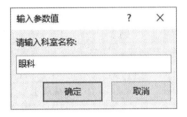

图 3-47　输入参数值"眼科"　　　　　图 3-48　输入参数值"田野"

　　⑦ 单击"确定"按钮,查询结果如图 3-49 所示。

图 3-49　多参数查询的查询结果

3.5　创建操作查询

　　"操作查询"即在一次操作中更改多条记录的查询。操作查询包括生成表查询、删除查询、更新查询和追加查询 4 种查询。

3.5.1 生成表查询

"生成表查询"利用一张或多张表中的全部或部分数据建立新表。在 Access 中，从表中访问数据要比从查询中访问数据快得多，因此如果经常要从几张表中提取数据，最好的方法就是使用生成表查询，即从多张表中提取所需数据然后组合生成一张新表。

【例 3-17】 将职称为"主任医师"的医生就诊信息存储到一张新表中，要求显示"医生姓名""医生性别""医生职称""工作时间""就诊日期"和"病人姓名"等字段，新表名称为"主任医师就诊表"。

其操作方法如下。

① 打开"医院管理.accdb"数据库，切换到查询设计视图。

② 选择数据源为"医生表""就诊表"和"病人表"。

③ 将"医生姓名""医生性别""医生职称""工作时间""就诊日期"和"病人姓名"等字段添加到设计网格中。

④ 在"医生职称"字段的"条件"行中输入"主任医师"。

⑤ 选择"查询工具/设计"选项卡"查询类型"组中的"生成表"命令，弹出"生成表"对话框。在"表名称"文本框中输入"主任医师就诊表"，选中"当前数据库"单选按钮，将新表放入当前打开的"医院管理.accdb"数据库中，如图 3-50 所示。

图 3-50 "生成表"对话框

⑥ 单击"确定"按钮，切换到数据表视图预览新表，如果不满意，可以切换到设计视图进行修改，直到满意为止。

⑦ 单击"运行"按钮，弹出生成表提示对话框，如图 3-51 所示，单击"是"按钮，开始建立"主任医师就诊表"，生成新表后不能撤销所做的修改；单击"否"按钮，不建立新表。本例单击"是"按钮。

⑧ 此时在导航窗格中，可以看到名称为"主任医师就诊表"的新表。

提示：生成表查询创建的新表将继承源表字段的数据类型，但不继承源表字段的属性及主键设置。

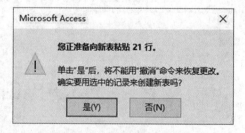

图 3-51 生成表提示对话框

3.5.2　删除查询

"删除查询"即根据删除条件从一张或多张表中删除记录。如果删除的记录来自多张表，则必须满足如下要求。

① 在"关系"窗口中定义相关表之间的关系。

② 在"编辑关系"对话框中选中"实施参照完整性"复选框。

③ 在"编辑关系"对话框中选中"级联删除相关记录"复选框。

【例 3-18】 将"医生表"中已到退休年限的记录删除(假设退休年限为工龄超过 30 年)。其操作方法如下。

① 打开"医院管理.accdb"数据库，切换到查询设计视图。

② 选择"医生表"为数据源。

③ 选择"查询工具/设计"选项卡"查询类型"组中的"删除"命令，查询设计网格即添加了一个"删除"行。

④ 选择"医生表"中的" * "号，并将其拖放到设计网格的"字段"行的第 1 列，表示已将该表中的所有字段放入设计网格中。同时，设置第 1 列"删除"行为"From"，表示要从何处删除。

⑤ 双击字段列表中的"工作时间"字段，将其添加到设计网格中"字段"行的第 2 列。同时，设置该字段的"删除"行为"Where"，表示要删除哪些记录。

⑥ 在"工作时间"字段的"条件"行中输入条件"(Year(Date())-Year([工作时间]))>=30"，如图 3-52 所示。

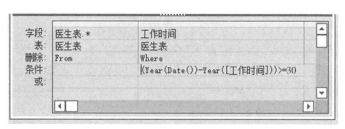

图 3-52　设置删除查询

⑦ 选择"查询工具/设计"选项卡"结果"组中的"视图"命令，能够预览"删除查询"检索到的记录。如果预览到的记录不是要删除的，则可再次选择"视图"命令返回查询设计视图对查询进行修改，直到确认删除内容正确为止。

⑧ 选择"查询工具/设计"选项卡"结果"组中的"运行"命令，弹出删除提示对话框，如图3-53 所示，单击"是"按钮，将会删除属于同一组的所有记录；单击"否"按钮，不删除记录。本例单击"是"按钮。

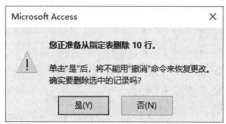

图 3-53　删除提示对话框

删除查询将永久删除指定表中的记录，并且无法恢复。因此，在运行删除查询时要格外小心，最好对要删除记录所在表进行备份，防止由于误操作而引起数据丢失。

3.5.3　更新查询

"更新查询"即根据更新条件对一张或多张表中的一组记录全部进行更新。

【例3-19】　将"病人表"中所有病人的"病人年龄"字段值加1。

其操作方法如下。

① 打开"医院管理.accdb"数据库，切换到查询设计视图。

② 选择数据源为"病人表"。

③ 选择"查询工具/设计"选项卡"查询类型"组中的"更新"命令，这时查询设计网格中增加一个"更新到"行。

④ 双击字段列表中的"病人年龄"字段，将其添加到设计网格中"字段"行的第1列。

⑤ 在"病人年龄"字段的"更新到"行上输入欲更新的内容"[病人年龄]+1"，如图3-54所示。

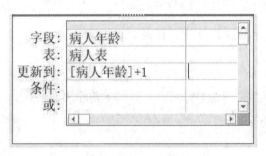

图3-54　设置更新查询

⑥ 选择"查询工具/设计"选项卡"结果"组中的"视图"命令，可以预览要更新的一组记录。如果不满意可以再次单击"视图"按钮，返回设计视图，对查询进行修改。

⑦ 选择"查询工具/设计"选项卡"结果"组中的"运行"命令，弹出一个更新提示对话框，如图3-55所示；单击"是"按钮，开始更新属于同一组的所有记录；单击"否"按钮，不更新表中记录。

Access可以更新一个字段的值，也可以更新多个字段的值。注意，更新数据之前一定要确认找到的数据是否是要更新的数据。每执行一次更新查询，就会对源表更新一次。

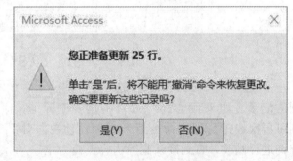

图3-55　更新提示对话框

3.5.4　追加查询

"追加查询"即将一张或多张表的数据追加到另一张表的尾部。

【例3-20】 建立一个追加查询，将医生职称为副主任"医师"的所有就诊记录添加到"主任医师就诊表"中。

其操作方法如下。

① 打开"医院管理.accdb"数据库，切换到查询设计视图。

② 选择数据源为"医生表""就诊表"和"病人表"。

③ 选择"查询工具/设计"选项卡"查询类型"组中的"追加"命令，弹出"追加"对话框。

④ 在"表名称"下拉列表中选择"主任医师就诊表"，选中"当前数据库"单选按钮，如图3-56所示。

图3-56 "追加"对话框设置

⑤ 单击"确定"按钮，此时查询设计网格中会增加一个"追加到"行。

⑥ 将"医生姓名""医生性别""医生职称""工作时间""就诊日期"和"病人姓名"等字段添加到设计网格中。

⑦ 在"医生职称"字段的"条件"行中输入"副主任医师"，如图3-57所示。

图3-57 设置追加查询

⑧ 选择"查询工具/设计"选项卡"结果"组中的"视图"命令，可以预览要追加的一组记录。如果不满意可以再次选择"视图"命令，返回设计视图对查询进行修改。

⑨ 选择"查询工具/设计"选项卡"结果"组中的"运行"命令，弹出追加查询提示对话框，如图3-58所示；单击"是"按钮，则开始将符合条件的一组记录追加到指定表中；单击"否"按钮，则不追加记录到指定表中。

这里单击"是"按钮，打开"主任医师就诊表"可以看到刚刚追加的2条"医师"的就诊记录。

提示：一旦使用追加查询追加了记录，就不能用"撤销"命令恢复所做的更改了。

无论进行的是哪一种操作查询，都是在一个操作中更改多条记录，并且执行完操作后，都不能撤销所做的更改操作，因此在执行操作查询之前，最好将数据进行备份。

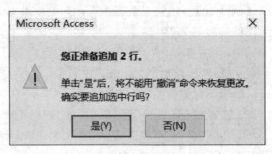

图 3-58　追加查询提示对话框

3.6　结构化查询语言 SQL

3.6.1　SQL 语言概述

SQL(Structure Query Language)的中文名称为结构化查询语言，是一种集数据定义、数据查询、数据操纵和数据控制功能于一体的关系数据库语言，也是一种在数据库领域中应用最为广泛的数据库语言。

最早的 SQL 标准于 1986 年 10 月由美国国家标准学会(American National Standards Institute，ANSI)公布，随后国际标准化组织(International Organization for Standardization, ISO)于 1987 年 6 月正式将它确定为国际标准，并在此基础上进行了补充。到 1989 年 4 月，ISO 提出了具有完整性特征的 SQL，1992 年 11 月又公布了 SQL 的新标准，从而正式建立了 SQL 在数据库领域的核心地位。

SQL 语言设计巧妙，语言简单，完成数据定义、数据操纵、数据查询和数据控制的核心功能只需使用 9 个动词，如表 3-13 所示。

表 3-13　SQL 的动词

SQL 功能	动词
数据定义	CREATE, DROP, ALTER
数据操纵	INSERT, UPDATE, DELETE
数据查询	SELECT
数据控制	CRANT, REVOTE

根据实际的应用需求，下面主要介绍数据定义、数据操纵和数据查询的基本语句。

3.6.2　数据定义

数据定义指对表一级的定义。使用 SQL 语言的数据定义功能可以创建、删除或修改表，也可以在数据库表中创建索引。

1. 创建表

在 SQL 语言中，可以使用"CREATE TABLE"语句建立基本表。

其语法格式如下。

> CREATE TABLE<表名>(<字段名 1><数据类型 1>[字段级完整性约束条件 1]
> [<,字段名 2><数据类型 2>[字段级完整性约束条件 2]][,…])
> [<,字段名 n><数据类型 n>[字段级完整性约束条件 n]])
> [<,表级完整性约束条件>];

在一般的语法格式描述中使用了如下符号。

<>：表示在实际语句中要使用实际需要的内容进行替代。

[]：表示可以根据需要进行选择，也可以不选。

│：表示多项选项只能选择其中之一。

││：表示必选项。

命令提示说明如下。

<表名>：指需要定义的表的名称。

<字段名>：指定义表中的一个或多个字段的名称。

<数据类型>：指对应字段的数据类型。要求每个字段必须定义字段名称和数据类型。

[字段级完整性约束条件]：指定义相关字段的约束条件，包括主键约束（Primary Key）、数据唯一约束（Unique）、空值约束（Not Null 或 Null）和完整性约束（Check）等。

提示：在输入 SQL 语句时，标点符号必须在英文半角状态下输入。

【例 3-21】 在"医院管理.accdb"数据库中，使用 SQL 语句创建一张"护工表"，"护工表"的表结构如表 3-14 所示。

表 3-14 "护工表"的表结构

字段名	数据类型	字段大小	说明
工号	短文本	8	主键
姓名	短文本	4	
性别	短文本	1	
工资	货币		
备注	长文本		

建立"护工表"的 SQL 语句如下。

> CREATE TABLE 护工表(工号 CHAR(8) Primary Key,姓名 CHAR(4),性别 CHAR(1),工资 CURRENCY,备注 MEMO);

其中，CHAR 表示文本型，CURRENCY 表示货币型，MEMO 表示备注型，工号为主键。

创建"护工表"的操作方法如下。

① 打开"医院管理.accdb"数据库，切换到查询设计视图，关闭"显示表"对话框。选择"查询工具/设计"选项卡"结果"组中的"视图"命令，在弹出的下拉列表中选择"SQL 视图"命令，切换到 SQL 视图。

② 选择"查询工具/设计"选项卡"查询类型"组中的"数据定义"命令。

③ 在 SQL 视图中输入上述 SQL 语句，输入语句后的 SQL 视图如图 3-59 所示。

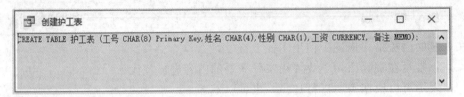

图 3-59　创建"护工表"的 SQL 语句

④ 保存查询，并命名为"创建护工表"。执行"查询工具/设计"选项卡"结果"组中的"运行"命令，此时在导航窗格"表"组中可以看到新创建的"护工表"。在设计视图中打开"护工表"，表结构如图 3-60 所示。

图 3-60　"护工表"的表结构

2. 修改表

通过"ALTER TABLE"语句可以用多种方式修改一张现有的表，包括添加新字段、修改字段属性或删除某些字段。

其语法格式如下。

```
ALTER TABLE<表名>
        [ADD<新字段名><数据类型>[字段级完整性约束条件]]
        [DROP[<字段名>]…]
        [ALTER<字段名><数据类型>];
```

其语法命令说明如下。

<表名>：指需要修改的表结构的名称。

ADD 子句：用于增加新字段和该字段的完整性约束条件。

DROP 子句：用于删除指定字段和完整性约束。

ALTER 子句：用于修改原有字段属性，包括字段名称、数据类型等。

【例 3-22】 在"护工表"中增加一个字段，字段名为"上班时间段"，数据类型为"文本"，将"备注"字段删除，将"工号"字段的字段大小改为 10。

(1)增加"上班时间段"字段的 SQL 语句

```
ALTER TABLE 护工表 ADD 上班时间段 CHAR;
```

(2)删除"备注"字段的 SQL 语句

```
ALTER TABLE 护工表 DROP 备注;
```

(3)修改"护工表"中"工号"字段属性的 SQL 语句

```
ALTER TABLE 护工表 ALTER 工号 CHAR(10);
```

提示：使用 ALTER 语句对表结构进行修改时，一次只能添加、修改或删除一个字段。

3. 删除表

当不再需要指定的表及其数据时，可以使用"DROP TABLE"语句进行删除，以释放存储空间。

其语法格式如下。

```
DROP TABLE<表名>;
```

【例 3-23】 删除已建立的"护工表"。

删除"护工表"的 SQL 语句如下。

```
DROP TABLE 护工表;
```

4. 创建索引

创建索引的语法格式如下。

```
CREATE INDEX<索引名称>ON<表名>
```

【例 3-24】 为"护工表"的"工号"字段创建一个索引。

其 SQL 语句如下。

CREATE INDEX 工号 ON 护工表;

3.6.3 数据操纵

在数据库中，数据操纵指对表中的具体数据进行插入、删除和更新等操作。

1. 插入记录

INSERT 语句用于向表中添加记录，可以添加一条记录，也可以从其他表向目标表添加一条或多条记录。

(1)添加一条记录

其语法格式如下。

INSERT INTO<目标表>[(字段1[,字段2[,…]])]VALUES(值1[,值2[,…]]);

(2)添加多条记录

其语法格式如下。

INSERT INTO<目标表>[(字段1[,字段2[,…]])]
SELECT[源表.]字段1[,[源表.]字段2[,…]]FROM<源表>;

其功能是在数据库表中添加记录。

上述语法格式的具体说明如下。

① 第1种语法格式是直接用值1、值2等参数指定的值在表中添加一条新记录。

② 第2种语法格式是从其他表向指定的表添加记录。

③ <目标表>参数指定要添加记录的表名。

④ 跟在<目标表>参数后的字段1、字段2等参数是指定要添加数据的字段。跟在SELECT 参数后的字段1、字段2等参数是指定要提供数据的源表字段。

⑤ <源表>指定提供记录来源的表。

【例 3-25】 使用 INSERT 语句在"医生表"中添加一条记录。添加记录的内容如下。

"A021"，"李明"，"男"，♯1998-09-01♯，"助理医师"，"骨科"，true。

插入记录的 SQL 语句如下。

INSERT INTO 医生表(医生编号,医生姓名,性别,工作时间,职称,专长,党员否)
VALUES("A021","李明","男",♯1998-09-01♯,"助理医师","骨科",true);

【例 3-26】 在"医院管理.accdb"数据库中，假定有一个结构与"病人表"结构完全相同的"新入病人表"，该表中有 3 条记录，在 SQL 视图中使用 INSERT 语句将"新入病人表"中的所有记录添加到"病人表"中。

插入记录的 SQL 语句如下。

INSERT INTO 病人表 SELECT ＊ FROM 新入病人表;

2. 更新记录

UPDATE 语句用于修改、更新数据表中记录的内容。

其语法格式如下。

```
UPDATE<表名>
SET<字段名 1>=<表达式 1>[,<字段名 2>=<表达式 2>]…
[WHERE<条件表达式>];
```

其功能是对指定的表中满足<条件表达式>的记录进行修改，如果省略了 WHERE 子句，则对表的全部记录进行修改。

其语法格式的具体说明如下。

① <表名>指定要修改的表。

② <字段名>=<表达式>表示用表达式的值替代对应字段的值，涉及多个字段的修改时需要用英文逗号分隔各个字段的修改部分。

③ <条件表达式>用于指定要修改的记录需要满足的条件。

【例 3-27】 将"医生表"中李娜的工作时间改为"1990-01-11"。

更新记录的 SQL 语句如下。

```
UPDATE 医生表 SET 工作时间=♯1990-01-11♯
WHERE 姓名="李娜";
```

3. 删 除 记 录

DELETE 语句用于删除数据表中的一条或多条记录。

其语法格式如下。

```
DELETE * FROM<表名>WHERE<条件表达式>;
```

其功能是删除指定表中满足<条件表达式>的所有记录，如果省略了 WHERE 子句，则删除该指定表的所有记录。

其语法格式的具体说明如下。

① <表名>指定要删除记录的表。

② <条件表达式>指定要删除的记录需要满足的条件。

【例 3-28】 将"病人表"中病人编号为 10005 的记录删除。

删除记录的 SQL 语句如下。

```
DELETE FROM 病人表
WHERE 病人编号="10005";
```

3.6.4 数据查询

在 Access 中，任何一个查询都对应着一条 SQL 语句，也可以说查询对象的实质是一条 SQL 语句，当使用设计视图创建一个查询时，就会构造一条等价的 SQL 语句。即运行一个查询对象实质上是执行该查询中指定的 SQL 命令。

在查询设计视图中，为了能够看到查询对象相应的 SQL 语句或直接编辑 SQL 语句，用户可以从设计视图切换到 SQL 视图。选择"查询工具/设计"选项卡"结果"组中的"视图"命令，在弹出的下拉列表中选择"SQL 视图"命令，切换到 SQL 视图便可直接编辑 SQL 语句。例如，例 3-6 所建查询的查询设计视图和相应的 SQL 视图如图 3-61 所示。

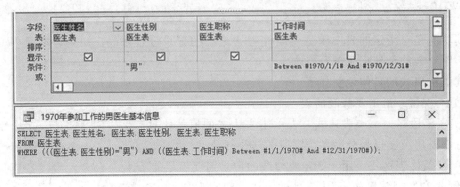

图 3-61　查询设计视图及 SQL 视图示例

SQL 语句最主要的功能就是查询功能。SQL 语言提供了简单而又丰富的 SELECT 数据查询语句，可以检索和显示一张或多张表中的数据。

1. SELECT 语句的一般格式

SELECT 语法的一般格式如下。

SELECT[ALL|DISTINCT|Top n] * |＜字段列表＞[,＜表达式＞AS＜标识符＞]
FROM＜表名 1＞[,＜表名 2＞]…
[WHERE＜条件表达式＞]
[GROUP BY＜字段名＞[HAVING＜条件表达式＞]]
[ORDER BY＜字段名＞[ASC|DESC]];

该语句的功能是从指定的基本表中，创建一个由指定范围内、满足条件、按某字段分组、按某字段排序指定字段组成的新记录集。

SELECT 语句中的参数及命令说明如下。

ALL：查询结果是满足条件的全部记录，默认值为 ALL。

DISTINCT：查询结果是不包含重复行的所有记录。

Top n：查询结果是前 n 条记录，其中 n 为整数。

*：查询结果是整个记录，即包括所有的字段。

＜字段列表＞：使用","将各项分开，这些项可以是字段、常数或系统内部的函数。

＜表达式＞AS＜标识符＞：表达式可以是字段名，也可以是一个计算表达式，AS＜标识符＞是为表达式指定新字段名，新字段名应符合 Access 规定的命名规则。

FROM＜表名＞：说明查询的数据源，可以是单张表，也可以是多张表。

WHERE＜条件表达式＞：说明查询的条件，条件表达式可以是关系表达式，也可以是逻辑表达式。查询结果是表中满足＜条件表达式＞的记录集。

GROUP BY＜字段名＞：用于对检索结果进行分组，查询结果是按＜字段名＞分组的记录集。

HAVING：必须跟随 GROUP BY 使用，用来限定分组必须满足的条件。

ORDER BY＜字段名＞：用于对检索结果进行排序，查询结果是按某一字段值排序。

ASC：必须跟随 ORDER BY 使用，查询结果按某一字段值升序排列。

DESC：必须跟随 ORDER BY 使用，查询结果按某一字段值降序排列。

提示：如果"ORDER BY"后省略了 ASC 和 DESC，则默认为 ASC。

2. SELECT 语句的简单查询实例

简单查询是一种最简单的查询操作，其数据源来自一张表或多张表。

【例 3-29】 查找并显示"医生表"中所有记录的详细信息。

```
SELECT * FROM 医生表；
```

【例 3-30】 查找并显示"医生表"中的"医生姓名""医生性别""医生职称"和"工作时间"4 个字段。

```
SELECT 医生姓名,医生性别,医生职称,工作时间 FROM 医生表；
```

上面所述查询的数据源均来自同一张表，非常简单，而在实际应用中，许多查询的数据源来自多张表，需要将多张表的数据集中在一起，这可以通过连接操作来实现。连接操作是通过相关表间记录的匹配来产生结果的。

【例 3-31】 查找所有医生的就诊信息，要求显示"医生编号""医生姓名""就诊日期""病人编号"和"病人姓名"等字段，并按医生编号升序排序。

分析："医生表"中有"医生编号"和"医生姓名"字段，"就诊表"中有"就诊日期"字段，病人表"中有"病人编号"和"病人姓名"字段，因此在创建 SQL 查询的 SELECT 语句时，一定要在 FROM 子句中指定"医生表""就诊表"和"病人表"这 3 张表，同时还要使用 WHERE 子句指定连接表的条件。

在 SQL 视图中应输入以下 SQL 语句。

```
SELECT 医生表.医生编号,医生表.医生姓名,就诊表.就诊日期,病人表.病人编号,病人表.
病人姓名
FROM 医生表,就诊表,病人表
Where 医生表.医生编号=就诊表.医生编号 And 就诊表.病人编号=病人表.病人编号
ORDER BY 医生表.医生编号；
```

提示：在涉及多表的查询中，应在所用字段的字段名前加上表名，并且使用"."分隔。

3. SELECT 语句中的条件查询实例

【例 3-32】 查找"医生表"中的女医生信息，要求显示"医生姓名""医生性别""医生职称"和"工作时间"等字段信息，将查询命名为"女医生的基本信息"。

其 SQL 语句如下。

```
SELECT 医生姓名,医生性别,医生职称,工作时间 FROM 医生表
WHERE 医生性别="女"；
```

【例3-33】 查询年龄在50岁至70岁的病人,要求显示"病人编号"和"病人姓名"字段。

其SQL语句如下。

```
SELECT 病人编号,病人姓名 FROM 病人表
WHERE 年龄 Between 50 And 70;
在本例中,也可以将 WHERE 后的条件写为"年龄≥50 AND 年龄≤70"。
```

4. SELECT 语句中的函数计算和分组计算实例

使用SQL聚合函数,如SUM、AVG、MAX、MIN和COUNT等,可计算各种统计信息。其中,函数SUM和AVG只能对"数字"类型的字段进行数值计算。在使用SQL聚合函数进行统计时,常常需要进行分组统计,这时就用到GROUP BY子句。

【例3-34】 计算每名医生的工龄,并显示"医生姓名"和"工龄"字段。

其SQL语句如下。

```
SELECT 医生姓名,Round((Date( )-[工作时间])/365,0)AS 工龄
FROM 医生表;
```

提示:由于查询中需计算的"工龄"字段不在"医生表"中,因此需要增加"工龄"字段,并使用AS子句来命名。

【例3-35】 计算各类职称的医生人数,并显示"医生职称"和"医生人数"字段。

其SQL语句如下。

```
SELECT 医生职称,Count([教师编号])AS 医生人数 FROM 医生表
GROUP BY 医生职称;
```

提示:由于查询中需要按医生职称分类计算人数,因此使用了GROUP BY子句,并用AS子句定义了统计结果中要显示的字段名。

5. SELECT 语句中使用 HAVING 子句实例

【例3-36】 查询有两条以上就诊记录的医生信息,并显示"医生编号"和"病人人数"字段。

其SQL语句如下:

```
SELECT 医生编号,Count(病人编号) AS 病人人数
FROM 就诊表
GROUP BY 医生编号
HAVING((((Count(病人编号))>=2));
```

3.6.5 SQL 特定查询

在Access中,只有使用SQL语句才能实现的查询称为SQL特定查询,SQL特定查询分为4类:联合查询、传递查询、数据定义查询和子查询。对于联合查询、传递查询和

数据定义查询必须直接在 SQL 视图中创建 SQL 语句。对于子查询，可以在查询设计网格的“字段”行或“条件”行中输入 SQL 语句。

此外，在查询设计视图中，选择“查询工具/设计”选项卡“查询类型”组中的“联合”“传递”或“数据定义”命令，也可以切换到查询的 SQL 视图。

1. 联合查询

联合查询将两张或多张表或两个或多个查询中的字段合并到查询结果的一个字段中。使用联合查询可以合并两张表中的数据，并可以根据联合查询创建生成表查询以生成一张新表。创建联合查询时，可以使用 WHERE 子句进行条件筛选。

【例 3-37】 在查询的 SQL 视图中创建一个联合查询，显示“主任医师就诊表”中医生性别为“女”的所有记录和“女医生基本信息”查询中 1970 年以前(包含 1970 年)参加工作的女医生基本信息，要求显示“医生姓名”“医生性别”“医生职称”和“工作时间”字段，并按“工作时间”字段升序排序。

其操作方法如下。

① 打开“医院管理 . accdb”数据库，切换到查询设计视图并关闭“显示表”对话框。

② 选择“查询工具/设计”选项卡“查询类型”组中的“联合”命令，进入查询 SQL 视图。

③ 在查询 SQL 视图中输入如下 SQL 语句。

```
SELECT 医生姓名,医生性别,医生职称,工作时间 FROM 主任医师就诊表
WHERE 医生性别="女"
UNION SELECT  医生姓名,医生性别,医生职称,工作时间  FROM 女医生的基本信息
WHERE YEAR([工作时间])<=1970
ORDER BY 工作时间;
```

④ 保存查询，并命名为“合并显示女医生信息”。选择“查询工具/设计”选项卡“结果”组中的“运行”命令，结果如图 3-62 所示。

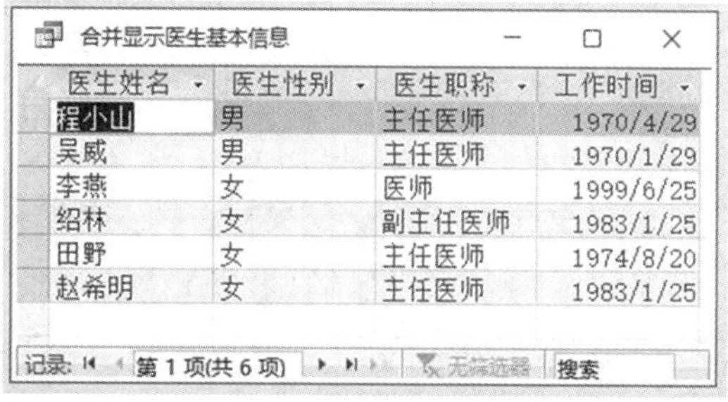

医生姓名	医生性别	医生职称	工作时间
程小山	男	主任医师	1970/4/29
吴威	男	主任医师	1970/1/29
李燕	女	医师	1999/6/25
绍林	女	副主任医师	1983/1/25
田野	女	主任医师	1974/8/20
赵希明	女	主任医师	1983/1/25

图 3-62 联合查询运行结果

2. 传递查询

传递查询可以将命令发送到 ODBC 数据库服务器上，如 SQL Server 等大型数据库管理系统。ODBC 即开放式数据库连接，是一个数据库的工业标准，就像 SQL 语言一样，任何数据库管理系统都可以通过 ODBC 连接。在 Access 中，通过传递查询，可以直接使用其他数据库管理系统中的表。一般情况下，创建传递查询需要完成两项工作，一是设

置要连接的数据库；二是在 SQL 视图中输入 SQL 语句。

3. 数据定义查询

数据定义查询已经在 3.6.2 节中介绍过，在这里就不再赘述了。

4. 子查询

子查询由包含在另一个选择查询或操作查询之内的 SQL SELECT 语句组成，可以在查询设计视图中的设计网格的"字段"行输入 SQL 语句来定义新字段，或在"条件"行定义字段的条件，也可以在查询的 SQL 视图中直接输入包含子查询的 SQL 语句。在对 Access 表进行查询时，可以利用子查询的结果进行进一步查询。例如，通过子查询作为查询条件对某些结果进行测试，查找主查询中大于、小于或等于子查询返回值的值。子查询不能作为一个单独的查询存在，必须与其他查询结合使用。

【例 3-38】 使用子查询，查询并显示"病人表"中低于平均年龄的病人记录。

其操作方法如下。

① 打开"医院管理.accdb"数据库，切换到查询设计视图。

② 选择数据源为"病人表"。

③ 确定所需字段。双击"病人表"字段列表中的"＊"，将其添加到字段行的第 1 列；双击"病人表"中的"病人年龄"字段，将其添加到字段行的第 2 列。

④ 在第 2 列字段的"条件"行中输入"＜(select avg([病人年龄]) from 病人表)"，取消选中第 2 列"显示"行上的复选框，如图 3-63 所示。

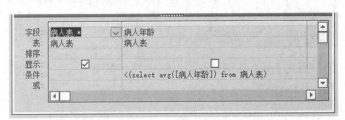

图 3-63 设置子查询

该设置结果对应的 SQL 语句为

```
SELECT ＊病人年龄 FROM 病人表
WHERE 病人年龄＜(SELECT AVG([病人年龄]) FROM病人表);
即在 WHERE 子句中嵌套了一个 SELECT 语句。
```

⑤ 选择"查询工具/设计"选项卡"结果"组中的"运行"命令，查询结果如图 3-64 所示。

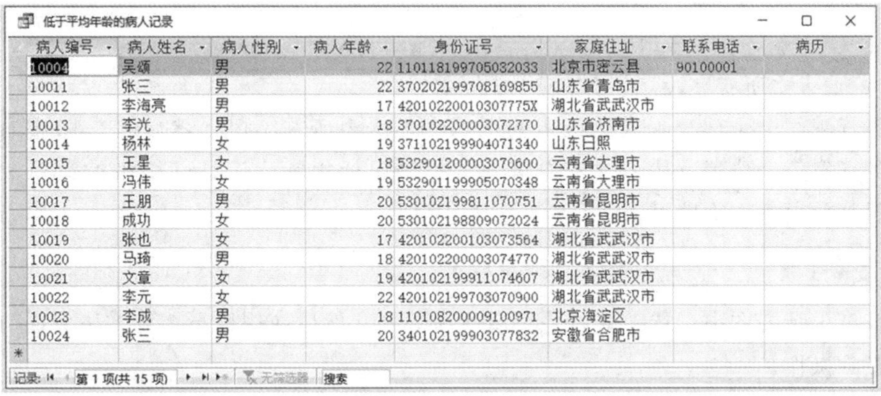

病人编号	病人姓名	病人性别	病人年龄	身份证号	家庭住址	联系电话	病历
10004	吴颂	男	22	110118199705032033	北京市密云县	90100001	
10011	张三	男	22	370202199708169855	山东省青岛市		
10012	李海亮	男	17	42010220010307775X	湖北省武武汉市		
10013	李光	男	18	370102200003072770	山东省济南市		
10014	杨林	女	19	371102199904071340	山东日照		
10015	王星	女	18	532901200003070600	云南省大理市		
10016	冯伟	女	19	532901199905070348	云南省大理市		
10017	王朋	男	20	530102199811070751	云南省昆明市		
10018	成功	女	20	530102198809072024	云南省昆明市		
10019	张也	女	17	420102200103073564	湖北省武武汉市		
10020	马琦	男	18	420102200003074770	湖北省武武汉市		
10021	文章	女	19	420102199911074607	湖北省武武汉市		
10022	李元	女	22	420102199703070900	湖北省武武汉市		
10023	李成	男	18	110108200009100971	北京海淀区		
10024	张三	男	20	340102199903077832	安徽省合肥市		

图 3-64 查询结果

3.7 编辑和使用查询

运行查询以后，如果对查询的结果不满意，或者所创建的查询不能满足需要，则可以切换到查询设计视图进行修改，如添加、删除、移动或更改字段，添加、删除表等。如果有需要，也可以对查询结果进行其他相关操作，例如，依据某个字段对查询中的记录进行排序等。

3.7.1 运行查询

创建查询时，在查询设计视图中可以选择“查询工具/设计”选项卡“结果”组中的“运行”或“视图”命令浏览查询结果。创建查询后，可以通过以下两种方法来运行查询。

① 在导航窗格中，右击要运行的查询，在弹出的快捷菜单中选择“打开”命令。

② 在导航窗格中，直接双击要运行的查询(操作查询除外)。

3.7.2 编辑查询中的字段

编辑字段主要包括添加、删除、移动字段或更改字段名。

1. 添加字段

(1)添加在设计网格“字段”行最后一列

在查询设计视图中直接双击要添加的字段即可。

(2)添加在某字段前

在设计网格上方的字段列表中选择要添加的字段，并按住鼠标左键不放将其拖动到该字段的位置上，释放鼠标左键；或者选择“查询工具/设计”选项卡“查询设置”组中的“插入列”命令，然后单击“字段”行该列单元格右侧的下拉按钮，从弹出的下拉列表中选择要添加的字段。

（3）一次添加多个字段

按住"Ctrl"键不放，选中要添加的字段并拖动到设计网格中。

（4）添加表中所有字段

在设计视图上半部分，双击该表的标题栏，选中所有字段，然后将光标移动到字段列表中的任意一个位置，按住鼠标左键不放拖动鼠标指针到设计网格中的第一个空白列中，然后释放鼠标左键即可。

2. 删除字段

在查询设计视图中，选中要删除字段所在的列，然后使用以下3种方法中任何一个即可完成删除操作。

① 按"Delete"键。

② 右击所在列，在弹出的快捷菜单中选择"剪切"命令。

③ 选择"查询工具/设计"选项卡"查询设置"组中的"删除列"命令。

3. 移动字段

在设计查询时，字段的排列顺序非常重要，直接影响着数据的排序和分组。Access在排序查询结果时，首先按照设计网格中排列最靠前的字段排序，然后再按下一个字段排序。用户可以根据排序和分组的需要，移动字段来改变字段的顺序。

其操作方法如下。

① 进入查询设计视图。

② 单击要移动的字段对应的字段选择器，并按住鼠标左键不放，拖动鼠标至新的位置即可。如果要将字段移动到某一字段的左侧，则将鼠标拖到该字段列，释放鼠标即把要移动的字段移动到光标所在列的左侧。

3.7.3 编辑查询中的数据源

在查询设计视图中，上半部分每张表或查询的字段列表中，列举了可以添加到设计网格上的所有字段。但是，如果在列出的所有字段中没有所需的字段，则需要将该字段所属的表或查询添加到设计视图中；反之，如果在设计视图中列出的表或查询没有用了，也可以将其删除。

1. 添加表或查询

其操作方法如下。

① 在查询设计视图中打开要修改的查询。

② 选择"查询工具/设计"选项卡"查询设置"组中的"显示表"命令；或右击设计视图上方的空白区域，在弹出的快捷菜单中选择"显示表"命令，弹出"显示表"对话框。

③ 在"显示表"对话框中双击需要添加的表或查询即可。

2. 删除表或查询

在设计视图中打开要修改的查询，右击要删除的表或查询字段列表的标题栏，在弹出的快捷菜单中选择“删除表”命令；或单击要删除的表或查询，然后按“Delete”键即可删除表或查询。

删除作为数据源的表或查询后，设计网格中与其相关的字段也将同时从查询设计视图中删除。

3.7.4 查询结果排序

在查询设计网格中，一般并不对查询的数据进行整理，这样查询后得到的数据很多、很乱，影响查看。例如，例 3-5 查找的每位病人的就诊记录就显示得比较凌乱，不能直观地看出每位病人的病人编号排列顺序。如果能够对查询结果进行排序，就可以改变这种情况。

【例 3-39】 将例 3-2 的查询结果按病人编号升序排列。

其操作方法如下。

① 在查询设计视图中打开“病人就诊情况”查询。

② 在设计网格中单击“病人编号”字段“排序”行右侧的下拉按钮，在弹出的下拉列表中选择一种排序方式。在 Access 中有两种排序方式：升序和降序，这里选择“升序”。

③ 切换到数据表视图，查询结果如图 3-65 所示。

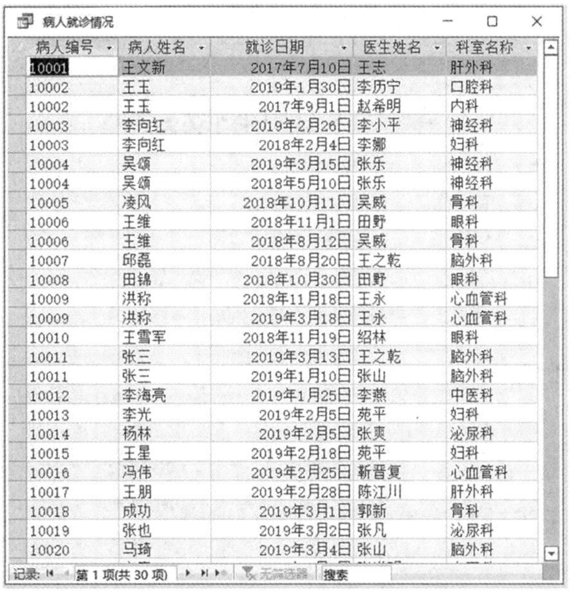
病人就诊情况

病人编号	病人姓名	就诊日期	医生姓名	科室名称
10001	王文新	2017年7月10日	王志	肝外科
10002	王玉	2019年1月30日	李历宁	口腔科
10002	王玉	2017年9月1日	赵希明	内科
10003	李向红	2019年2月26日	李小平	神经科
10003	李向红	2018年2月4日	李娜	妇科
10004	吴颂	2019年3月15日	张乐	神经科
10004	吴颂	2018年5月10日	张乐	神经科
10005	凌风	2018年10月11日	吴威	骨科
10006	王维	2018年11月1日	田野	眼科
10006	王维	2018年8月12日	吴威	骨科
10007	邱磊	2018年8月20日	王之乾	脑外科
10008	田锦	2018年10月30日	田野	眼科
10009	洪称	2018年11月18日	王永	心血管科
10009	洪称	2019年3月18日	王永	心血管科
10010	王雪军	2018年11月19日	绍林	眼科
10011	张三	2019年3月13日	王之乾	脑外科
10011	张三	2019年1月10日	张山	脑外科
10012	李海亮	2019年1月25日	李燕	中医科
10013	李光	2019年2月5日	苑平	妇科
10014	杨林	2019年2月5日	张爽	泌尿科
10015	王星	2019年2月18日	苑平	妇科
10016	冯伟	2019年2月25日	靳晋复	心血管科
10017	王朋	2019年2月28日	陈江川	肝外科
10018	成功	2019年3月1日	郭新	骨科
10019	张也	2019年3月2日	张凡	泌尿科
10020	马琦	2019年3月4日	张山	脑外科

图 3-65 排序后的查询结果

第4章 窗体设计

 学习目标

❖ 掌握窗体设计工具与控件的使用、窗体与控件属性的设置、事件的触发。

❖ 熟悉 Access 窗体的概念和作用、组成和结构、窗体的类型和视图；熟悉创建窗体的方法。

❖ 了解窗体的进一步美化。

窗体是 Access 2016 中的一个重要对象，用于创建数据库应用程序的用户界面。利用窗体对象可以设计友好的用户操作界面，避免让用户直接使用和操作数据库，使数据输入、编辑和显示更加容易和安全。本章将详细介绍窗体的基本操作，包括窗体的概念和作用、窗体的组成和结构、窗体的创建和设置等。

4.1　窗体概述

窗体是用户和应用程序之间的主要接口。通过窗体用户可以方便地输入和编辑数据，显示和查询表中数据。利用窗体可以将整个应用程序组织起来，形成一个完整的应用系统。

4.1.1　窗体的功能

1. 输入和编辑数据

用户可以根据需要设计窗体作为数据库中数据输入的接口，这种方式可以节省数据录入的时间并提高数据输入的准确度。此外，用户也可以利用窗体添加、删除和修改数据库中的相关数据，以及设置数据的属性。如图 4-1 所示，利用窗体可输入和编辑"医院管理.accdb"数据库中的医生基本信息。

图 4-1　输入和编辑数据

2. 显示和打印数据

窗体可以显示来自多张数据表中的数据，用窗体显示并浏览数据比用表和查询的数据表格显示数据更加灵活。窗体也可用于显示一些警告或解释信息，如图 4-2 所示，窗体可以对用户的操作进行确认。如果有需要，窗体也可以用来执行数据库数据打印功能。

图 4-2　显示信息

3. 控制应用程序执行流程

与 VB 窗体类似，Access 中的窗体也可以与函数过程、子过程相结合。在每个窗体中，用户可以使用 VBA 编写代码，并利用代码执行相应的功能，如图 4-3 所示，该窗体是"医院管理.accdb"数据库的主界面窗体，使用窗体中包含的命令按钮可以完成系统功能各窗体之间的切换操作，方便用户控制系统执行流程。

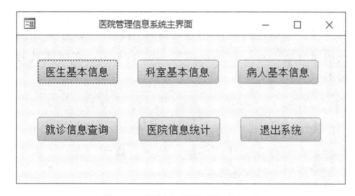

图 4-3　控制应用程序执行流程

4.1.2　窗体的视图

为便于从各个层面来查看窗体，满足不同的实际需要，Access 2016 为窗体提供了窗体视图、布局视图、设计视图、数据表视图 4 种视图。不同的视图以不同的形式显示相应窗体。其中，设计视图主要用于对窗体外观进行设计，以及进行数据源的绑定；其他 3 种视图则主要是对绑定窗体的数据源，从不同角度与层面进行操作与管理。

窗体在使用时总是处于其中一种视图状态，如图 4-4 所示，Access 的"视图"下拉列表中列出了这 4 种视图，可方便地在不同视图间进行切换。

1. 窗体视图

图 4-4　"视图"下拉列表

窗体视图是窗体的打开状态，或称为运行状态，用来显示窗体的设计效果，是最终提供给用户使用的数据库操作界面。

2. 布局视图

布局视图是进行窗体修改最直观的视图。可以使用布局视图在 Access 中对窗体进行几乎所有的修改。

在布局视图中，窗体在实际运行，我们看到的数据与使用窗体看到的数据相同，还可以在此视图中更改窗体设计。布局视图在修改窗体时可以看到数据，因此非常适用于设置控件大小或执行会影响窗体外观和可用性的任何其他任务。

如果遇到无法在布局视图中执行的任务，可以切换到设计视图执行。在某些情况下，Access 会显示一条消息，提示必须切换到设计视图才能进行特定更改。

3. 设计视图

使用设计视图可以更详细地查看窗体结构，可以看到窗体的页眉、详细信息和页脚部分。窗体在设计视图中显示时并不是实际运行状态，因此在进行设计更改时无法看到基础数据，但是比起布局视图，在设计视图中执行某些任务会更轻松。例如，可以向窗体添加更多类型的控件，如绑定对象框、分页符和图表；可以在文本框中编辑文本框控件来源，而无须使用属性表；可以调整窗体各部分的大小，如窗体页眉或详细信息；可以对无法在布局视图中更改的某些窗体属性进行更改。

4. 数据表视图

数据表视图是以数据表的形式显示窗体的数据，表现形式与数据表窗体大体相同，可以同时看到多条记录，这种视图便于编辑、添加、修改、查找、删除数据，主要用于对绑定窗体的数据源进行相关数据操作。

4.2 创建窗体

根据窗体是否连接数据源，可以创建两种基本类型的窗体：绑定窗体和未绑定窗体。"绑定窗体"连接到某些数据源，如表、查询或 SQL 语句，通常用于输入、查看或编辑数据库中的数据。"未绑定窗体"没有数据源，通常用于导航或与数据库进行交互。

4.2.1 创建窗体的命令

根据需要，用户可以采用多种方式创建数据库中的窗体。Access 2016 提供了丰富的命令来创建窗体。在"创建"选项卡"窗体"组中可以看到 Access 提供了 6 类命令，如图 4-5 所示。

图 4-5 "创建"选项卡"窗体"组中的命令

1. "窗体"命令： 自动生成窗体

使用"窗体"命令，只需单击一次鼠标便可以创建一个窗体，Access 会将新创建的窗体绑定到该数据源，所选数据源的所有字段都放置在窗体上，并以布局视图显示该窗体。在布局视图中，可以在窗体显示数据的同时对窗体设计进行更改。例如，可以根据需要调整文本框的大小以容纳数据。

2. "窗体设计"命令： 使用窗体设计视图

使用"窗体设计"命令，可以创建一个新的空白窗体，并在设计视图中显示该窗体。该窗体不会绑定任何数据源，需要通过 Access 提供的控件来自定义窗体，以及编写代码实现相应的操作功能。

3. "空白窗体"命令： 创建空白窗体

使用"空白窗体"命令创建窗体是一种快捷的窗体创建方式，特别适合按需在窗体上放置少量字段的场景。选择"空白窗体"命令后，Access 将在布局视图中打开一个空白窗体，并显示"字段列表"窗格，在"字段列表"窗格中，单击要在窗体上显示的字段所在的一张或多张表旁边的"添加"按钮添加窗体，若要向窗体添加一个字段，可双击该字段，或者将该字段拖动到窗体上；也可以一次添加多个字段，方法是在按住"Ctrl"键的同时单击所需的多个字段，然后将它们同时拖动到窗体上。

4. "窗体向导"命令： 使用向导创建窗体

要更好地选择哪些字段显示在窗体上，可以使用"窗体向导"命令来创建窗体，使用向导还可以指定数据的组合和排序方式，如果事先指定了表与查询之间的关系，还可以使用来自多张表或多个查询的字段。

5. "导航"命令： 创建导航窗体

Access 2016 为能够轻松创建具有导航功能的数据库应用程序，提供了新的"导航窗体"功能。导航窗体是一个包含导航控件的窗体，以便用户可以从主导航窗口内使用和查看窗体和报表，是任何桌面数据库的重要补充。使用"导航"命令中的工具可以创建 6 种布局的导航窗体，让用户轻松地为应用程序导航创建标准用户界面。

6. "其他窗体"命令： 创建特定窗体

"其他窗体"命令用于创建特定窗体，包含"多个项目""数据表""分割窗体"和"模式对话框"4 个工具。

4.2.2 创建窗体的方法

创建窗体时，应根据所需功能明确设计目标，然后使用适当的方法创建窗体。如果所创建的窗体结构清晰，容易控制，则认为实现了窗体功能。

Access 提供了以下 3 种创建窗体的方法。

1. 自动创建窗体

这是最高效的创建方法，用户几乎不用参与其他设置，但所创建的窗体类型相对固定。

2. 使用向导创建窗体

在向导的提示下逐步提供创建窗体所需的设置参数，最终完成窗体的创建。

3. 使用设计视图创建窗体

在窗体设计视图中，可以自定义窗体，独立设计窗体的每一个对象，也可以在已有窗体的基础上修改、完善。这是最灵活的创建窗体方法。

这3种创建窗体的方法经常配合使用，通常先通过自动创建或向导创建生成简单样式的窗体，然后通过设计视图对窗体进行编辑、修饰等，直到创建出满足用户需求的窗体。

4.2.3 自动创建窗体

窗体的基本构件是"控件"。控件能包含数据，运行一项任务，或者通过添加诸如直线或矩形之类的图形元素来修饰窗体，还可以在窗体上使用许多不同种类的控件，包括文本框、分页符、复选框、选项按钮、组合框、列表框、标签等。采用自动创建窗体方式创建的窗体包含窗体所依据的表中的所有字段的控件。当字段显示在窗体中时，Access会自动给窗体添加两类控件：文本框和标签。

1. 使用"窗体"命令创建窗体

使用"窗体"命令创建窗体，若数据源为一张表，则生成的是纵栏式窗体。在纵栏式布局中，每次仅能看到一条记录。文本框及所附标签并排显示在两栏中。标签显示在每个文本框的左侧并标识文本框中的数据。若数据源为多张表，则生成的是主子窗体。在主子窗体布局中，上半部显示主窗体，下半部显示子窗体，主窗体显示一条记录，子窗体显示多条记录。子窗体显示与主窗体相关的记录时，主窗体和子窗体中的数据是同步的。要实现同步，作为窗体基础的表或查询与子窗体基础的表或查询之间必须是一对多关系，其中作为主窗体基础的表必须是一对多关系中的一端，即主表；而作为子窗体基础的表必须是一对多关系中的多端，即子表。

【例4-1】 使用"窗体"命令创建如图4-6所示的纵栏式窗体。

① 打开"医院管理.accdb"数据库文件，选择"就诊表"作为数据源。

② 选择"创建"选项卡"窗体"组中的"窗体"命令，生成如图4-6所示的窗体。

③ 单击快速访问工具栏上的"保存"按钮，弹出"另存为"对话框。

④ 设置窗体名称为"就诊表"，单击"确定"按钮，将窗体保存。

可以看到，由于数据源所选的"就诊表"是子表，窗体的数据源是一张表，则生成的是纵栏式窗体，每次只显示一条记录，可通过下方的导航按钮切换记录。

图 4-6　纵栏式窗体

【例 4-2】　使用"窗体"命令创建如图 4-7 所示的主子窗体。

① 打开"医院管理.accdb"数据库文件，选择"病人表"作为数据源。

② 同样选择"窗体"命令，生成如图 4-7 所示的窗体。

③ 单击快速访问工具栏上的"保存"按钮，弹出"另存为"对话框。

④ 设置窗体名称为"病人表"，单击"确定"按钮，将窗体保存。

图 4-7　主子窗体

可以看到，在这个例子中数据源所选的"病人表"是主表，"病人表"和"就诊表"是一对多的关系，窗体的数据源是两张表，则生成的是主子窗体，上半部是主窗体，显示的是"病人表"中的一条记录，下半部是子窗体，显示的是"就诊表"中病人就诊的多条记录，而且主窗体的记录和子窗体的记录是同步的。

2. 使用"多个项目"工具创建窗体

该方法生成的是表格式窗体。在表格式布局中，标签显示于窗体顶端，而各字段的值则显示在标签下方的表格中，而且可同时显示所绑定数据源的多条记录。

【例4-3】 以"病人表"为数据源，使用"多个项目"工具创建如图 4-8 所示的表格式窗体。

① 打开"医院管理.accdb"数据库文件，选择"病人表"作为数据源。

② 选择"创建"选项卡"窗体"组中的"其他窗体"命令，在弹出的下拉列表中选择"多个项目"工具，生成如图 4-8 所示的窗体。

③ 单击快速访问工具栏上的"保存"按钮，弹出"另存为"对话框。

④ 设置窗体名称为"病人表表格式窗体"，单击"确定"按钮保存窗体。

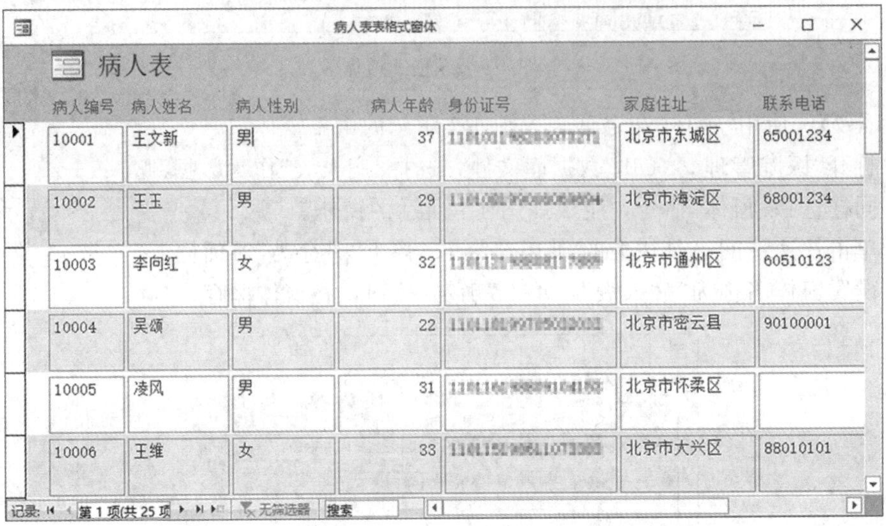

图 4-8　表格式窗体

3. 使用"数据表"工具创建窗体

使用"数据表"工具生成的是数据表窗体，同样以行和列的形式显示数据，窗体类似数据表视图中的表，而纵栏式和表格式布局中的一些窗体格式在数据表布局中无法使用。相对于数据表视图而言，数据表窗体具有自定义的窗体方式。

【例4-4】 以"病人表"为数据源，使用"数据表"工具创建如图 4-9 所示的数据表窗体。

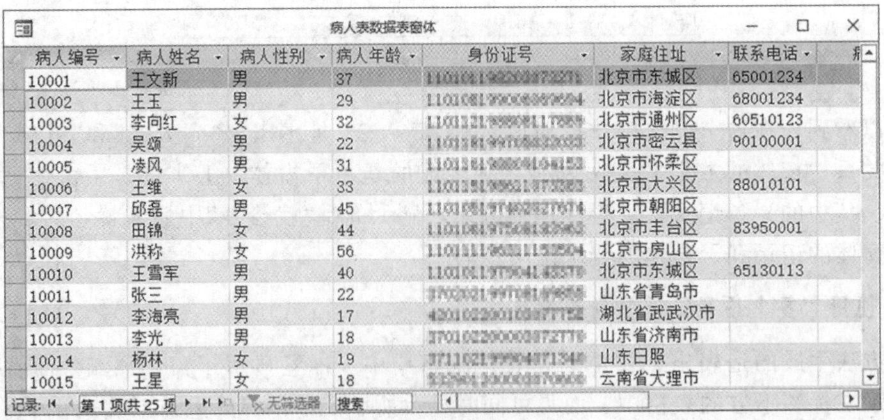

图 4-9　数据表窗体

① 打开"医院管理.accdb"数据库文件，选择"病人表"作为数据源。

② 选择"创建"选项卡"窗体"组中的"其他窗体"命令，在弹出的下拉列表中选择"数据表"工具，生成如图 4-9 所示的窗体。

③ 单击快速访问工具栏上的"保存"按钮，弹出"另存为"对话框。

④ 设置窗体名称为"病人表数据表窗体"，单击"确定"按钮，将窗体保存。

4. 使用"分割窗体"工具创建窗体

使用"分割窗体"工具生成的是分割窗体。分割窗体将窗体分割为上下两部分，上半部是纵栏式窗体，下半部是数据表窗体，这两种窗体连接到同一数据源，并且总是保持相互同步。如果在窗体的某一部分中选择了一个字段，则会在窗体的另一部分中会选择相同的字段。只要记录源可更新，则可以在任一部分中添加、编辑或删除数据。

使用分割窗体可以在一个窗体中同时利用两种窗体类型的优势。例如，可以使用数据表窗体部分快速定位记录，然后使用纵栏式窗体部分查看或编辑记录。纵栏式窗体部分可以以醒目且实用的方式呈现数据表窗体部分所选的一条记录。

【例 4-5】 以"病人表"为数据源，使用"分割窗体"工具创建如图 4-10 所示的分割窗体。

① 打开"医院管理.accdb"数据库文件，选择"病人表"作为数据源。

② 选择"创建"选项卡"窗体"组中的"其他窗体"命令，在弹出的下拉列表中选择"分割窗体"工具，生成如图 4-10 所示的窗体。

③ 单击快速访问工具栏上的"保存"按钮，弹出"另存为"对话框。

④ 设置窗体名称为"病人表分割窗体"，单击"确定"按钮，将窗体保存。

图 4-10　分割窗体

5. 使用"模式对话框"工具创建窗体

"模式对话框"工具用于创建模式对话框窗体，其创建后程序中的其他窗体便不可操作，必须将该窗体关闭后其他窗体才能进行操作。而非模式对话框窗体则无需这样，它们不强制要求用户立即反应，而是与其他窗体同时接受用户操作。在一些重要的窗体上，要求用户完成本窗体操作后才能继续其他窗体操作，这时就需要用到模式对话框窗体了。

【例 4-6】 使用"模式对话框"工具创建如图 4-11 所示的模式对话框窗体。

① 打开"医院管理.accdb"数据库文件。

② 选择"创建"选项卡"窗体"组中的"其他窗体"命令，在弹出的下拉列表中选择"模式对话框"工具，生成如图 4-11 所示的窗体。

③ 单击快速访问工具栏上的"保存"按钮，弹出"另存为"对话框。

④ 设置窗体名称为"模式对话框窗体"，单击"确定"按钮，保存窗体。

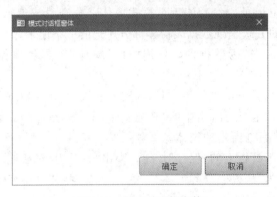

图 4-11　模式对话框窗体

切换到设计视图，可以看到若模式对话框窗体未关闭，则其他窗体均不能操作。

4.2.4　使用窗体向导创建窗体

1. 创建基于单个数据源的窗体

使用窗体向导创建窗体，允许用户在向导的指引下进行一些设置，可以按需选择数据源中的字段，格式也比自动创建窗体要丰富一些。

① 选择"创建"选项卡"窗体"组中的"窗体向导"命令。

② 按照窗体向导各向导页面上的提示执行操作。

若要将多张表和多个查询中的字段包括在窗体上，则在窗体向导的第一页上选择第一张表或第一个查询中的字段后，不要单击"下一步"或"完成"按钮，而是重复上述步骤，重新选择一张表或一个查询中想要包括在窗体上的其他字段。选择完成后，单击"下一步"或"完成"按钮继续操作。

③ 在该向导的最后一页单击"完成"按钮。

【例 4-7】 使用窗体向导创建"病人信息"窗体，要求在窗体中采用"纵栏表"布局显示"病人表"中的所有字段。

① 选择"创建"选项卡"窗体"组中的"窗体向导"命令，弹出如图 4-12 所示的"窗体向导"对话框。

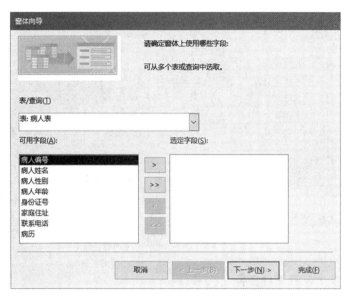

图 4-12 "窗体向导"对话框

② 从"表/查询"下拉列表中选择"表：病人表"选项，从"可用字段"列表框中选择所需要的字段并添加到"选定字段"列表框中，在这里选择除"病历"以外的所有字段，单击"下一步"按钮，进行下一步操作，如图 4-13 所示。

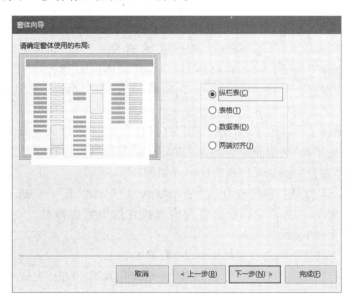

图 4-13 选择布局

③ 选中"纵栏表"单选按钮，单击"下一步"按钮，输入窗体的标题，这里输入"病人信息"。单击"完成"按钮，最终创建的"病人信息"窗体如图 4-14 所示。

图 4-14 "病人信息"窗体

2. 创建基于多个数据源的窗体

使用窗体向导可以创建基于多个数据源的窗体,所建窗体称为主子窗体。创建主子窗体要先确定数据源之间存在"一对多"的关系。创建主子窗体有两种方法:一是同时创建主窗体与子窗体,二是将已有的窗体添加到另一个已有的窗体中,窗体向导使用的是第一种方法。

【例 4-8】 创建以"医生表"和"就诊表"为数据源的窗体,采用同时创建主窗体和子窗体的方法。

① 选择"创建"选项卡"窗体"组中的"窗体向导"命令,弹出"窗体向导"对话框。若要将多张表和多个查询中的字段显示在窗体上,则在"窗体向导"对话框中选择第一张表或第一个查询中的字段后,不要单击"下一步"或"完成"按钮,而是应该重复上述步骤,重新选择一张表或一个查询想要显示在窗体上的其他字段。选择完成后,单击"下一步"或"完成"按钮继续操作。在这里从"表/查询"下拉列表中选择"表:医生表"选项,选择将所有字段添加到"选定字段"列表框中。再从"表/查询"下拉列表中选择"表:就诊表"选项,选择将所有字段添加到"选定字段"列表框中,如图 4-15 所示。

② 单击"下一步"按钮,确定查看数据的方式为"通过医生表",并选中"带有子窗体的窗体"单选按钮,如图 4-16 所示。查看数据的方式在这里要选择主表,因为"医生表"和"就诊表"是"一对多"的关系。

③ 单击"下一步"按钮,选择窗体布局为"数据表"。

④ 单击"下一步"按钮,输入窗体标题"医生出诊信息",单击"完成"按钮。创建的主子窗体如图 4-17 所示。

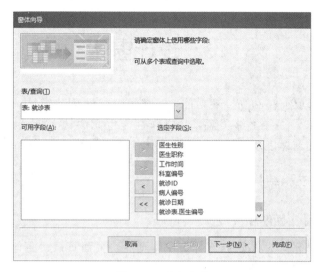

图 4-15 选定字段

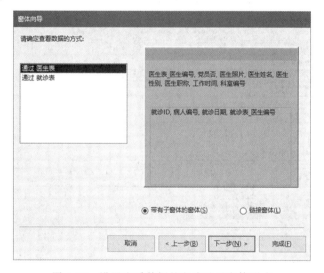

图 4-16 设置查看数据的方式及子窗体形式

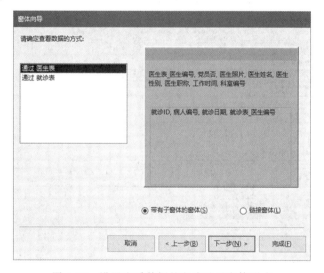

图 4-17 "医生出诊信息"主子窗体

4.3　设计窗体

利用窗体的"自动创建"和"向导"功能，虽然可以快速创建窗体，但在功能上并不能完全满足用户的要求，往往不够美观，且操作性能也无法让人满意。通过自定义窗体，利用各种控件可以使窗体表现更好。自定义窗体使用窗体的设计视图。

4.3.1　窗体的组成和结构

1. 设计视图中窗体的组成

在设计视图中，完整的 Access 窗体由窗体页眉、页面页眉、主体、页面页脚和窗体页脚 5 部分组成，如图 4-18 所示。每个部分称为一个"节"，每个节都有特定的用途，"主体"节是必不可少的，其他节可根据需要显示或者隐藏。

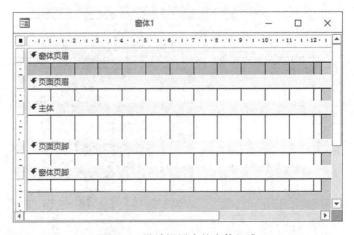

图 4-18　设计视图中的窗体组成

（1）窗体页眉

窗体页眉位于窗体顶部，一般用于设置窗体的标题、窗体使用说明，显示对每条记录都一样的信息。在窗体视图中，窗体页眉始终显示相同的内容，不随记录的变化而变化，打印时则只在第一页出现一次。

（2）页面页眉

页面页眉用于设置窗体打印时的页眉信息，打印时出现在每页的顶部，它只出现在设计窗口及打印后，不会显示在窗体视图中，即窗体执行时不显示。

（3）主体

主体用于显示一条或多条记录，窗体可以没有其他组成部分，但"主体"节是必需的。"主体"节可包含大多数控件，如标签、文本框、复选框、列表框、组合框、选项组、命令按钮等控件，用以显示记录数据。

（4）页面页脚

页面页脚用于设置窗体打印时的页脚信息，如日期、页码等，它只在设计窗口及打印后出现，并打印在每页的底部。

（5）窗体页脚

窗体页脚位于窗体底部，一般用于显示对所有记录都要进行的说明或统一操作。窗体页脚对所有记录都是一致的。

每个节都可以放置控件，但在窗体中，页面页眉和页面页脚使用较少，它们常被用在报表中。

若要在设计视图中自定义窗体，可以选择"创建"选项卡"窗体"组中的"窗体设计"命令，默认情况下设计视图中只显示窗体的"主体节"，如需要显示其他节，可在"主体"节的空白区域右击，在弹出的快捷菜单中选择相应命令，如图4-19所示。当然也可以在已有窗体的基础上重新设计。

图4-19 "窗体设计"命令创建的窗体及设置要显示的节

2. "窗体设计工具"选项卡

在设计视图中，功能区中会出现"窗体设计工具"选项卡，它由"设计""排列"和"格式"3个子选项卡组成，如图4-20所示。

图4-20 "窗体设计工具"选项卡

其中"窗体设计工具/设计"选项卡提供了设计窗体要使用的主要工具，分为"视图""主题""控件""页眉/页脚"和"工具"5个组。

"视图"组中只有一个"视图"命令，用于在不同视图之间切换。

"主题"组中有"主题""颜色"和"字体"3个命令，可使用设定的格式快速美化窗体的外观。

"控件"组中提供了许多控件，它们是设计窗体的主要工具。控件是窗体、报表中用于显示数据、执行操作或装饰窗体和报表的对象。窗体提供了一个大致框架，其功能要通过窗体中放置的各种控件来实现，控件与其他数据库对象结合起来就能构造功能强大、界面友好的窗体。表4-1列出了常用控件的名称和基本功能。

表 4-1　常用控件的名称和基本功能

控件	名称	基本功能
	选择	选取控件、节或窗体，选择该命令可以释放锁定的命令
	使用控件向导	打开或关闭控件向导。选择该命令，在创建其他控件时，会启动控件向导来创建控件，如组合框、列表框、选项组、命令按钮、图表和子窗体/子报表等控件都可以使用控件向导来创建
Aa	标签	显示说明性的文字，如窗体标题、指示文字等。Access 会自动为创建的控件附加默认的标签控件
abl	文本框	显示、输入或编辑窗体的基础记录源数据，显示计算结果，或接受用户输入的数据
[XYZ]	选项组	与复选框、单选按钮或切换按钮搭配使用，显示一组可选值
	切换按钮	常与"是/否"类型字段绑定使用，接收用户"是/否"类型的选择值，或选项组的一部分
⊙	单选按钮	常与"是/否"类型字段绑定使用，接收用户"是/否"类型的选择值，或选项组的一部分
✓	复选框	常与"是/否"类型字段绑定使用，接收用户"是/否"类型的选择值，或选项组的一部分
	组合框	该控件结合了文本框和列表框的特性，既可在文本框中直接输入文字，也可在列表框中选择输入的文字
	列表框	显示可滚动的数值列表，在"窗体"视图中，可以从列表中选择某一值作为输入数据，或者使用列表提供的某一值更改现有的数据，但不可输入列表外的数据值
xxxx	按钮	完成各种操作，如查找记录、打开窗体等
	图像	在窗体中显示静态图片，不能在 Access 中进行编辑
	未绑定对象框	在窗体中显示未绑定型 OLE 对象，如 Excel 电子表格。当记录改变时，该对象不变

续表

控件	名称	基本功能
▲	绑定对象框	在窗体中显示绑定型 OLE 对象，如 Excel 电子表格。当记录改变时，该对象会一起改变
⊢	插入分页符	在窗体上开启一个新的屏幕，或在打印窗体上打开一张新页
▢	选项卡控件	创建一个多页的选项卡控件，在选项卡上可以添加其他控件
⊕	超链接	在窗体中插入超链接控件，可快速访问其他网页和文件
▦	Web 浏览器控件	使用 Web 浏览器控件直接在窗体内显示网页的内容。例如，可以使用 Web 浏览器控件显示字段中所存储地址的地图。可以使用控件的"控件来源"属性，将 Web 浏览器控件绑定到窗体数据源中的字段
▭	导航控件	在窗体中插入导航条，使用导航控件可轻松导航到数据库中的不同窗体和报表。导航控件提供了一个界面，与在网站上看到的内容类似，包含用于导航网站的按钮和选项卡
▤	子窗体/子报表	添加一个子窗体或子报表，可用来显示多张表中的数据
▮	图表	在窗体中插入图表对象，将图表控件放置在窗体上将启动图表向导，该向导将引导用户完成创建新图表所需的步骤
◊	附件	在窗体中插入附件控件，使用附件控件将其绑定到表中的附件字段。例如，可以使用此控件显示图片或附加其他文件。在窗体视图中，此控件显示"管理附件"对话框，可在其中附加、删除和查看存储在字段中的多个附件文件
╲	直线	用于显示一条直线，可突出相关的或特别重要的信息
▭	矩形	显示一个矩形框。可添加图形效果，将一些控件组织在一起
⟲	ActiveX 控件	选择该命令将弹出一个下拉列表，可以从中选择其他控件，实现其他特殊功能

　　"页眉/页脚"组中有 3 个命令，"徽标"命令可将图片插入窗体中作为徽标，"标题"命令可快速在窗体中插入标题文本，"日期和时间"命令可在窗体中插入当前系统的日期和时间。

　　"工具"组中的主要命令包括"添加现有字段"和"属性表"命令等。在窗体的设计视图中，单击"添加现有字段"按钮将弹出"字段列表"对话框，图 4-21 所示为打开"医院管理.accdb"数据库时的"字段列表"对话框。如果窗体有绑定数据源，那么当进入窗体设计视图时，"字段列表"对话框中将列出了数据源中的全部字段，拖动"字段列表"对话框中的字段到窗体设计视图，可以快速创建绑定型控件。例如，要在窗体内创建一个控件来显示字段列表中的某一文本型字段的数据时，只需将该字段拖曳到窗体内，窗体便自动创建一个文本框控件与此字段关联。单击"属性表"按钮将会打开"属性表"对话框，用于设置窗体和控件的属性。

4.3.2　常用控件的功能及使用

Access 包含的控件类型有标签、文本框、选项组、切换按钮、单选按钮、复选框、组合框、列表框、命令按钮、图像控件、非绑定对象框、绑定对象框、子窗体/子报表、分页符、线条、矩形等控件，它们均放置在"窗体设计工具"选项卡的"控件"组中。

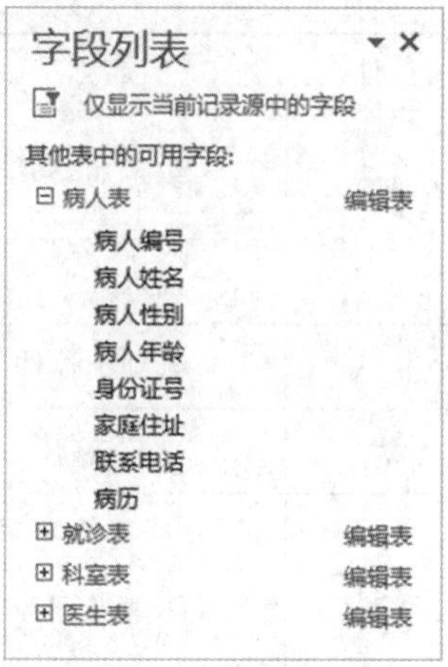

一些控件直接连接到数据源，可用来立即显示、输入或更改数据源；另一些控件则使用数据源，但不会影响数据源；还有一些控件完全不依赖于数据源。根据控件和数据源之间可能存在的关系，可以将控件分为以下 3 种类型。

图 4-21　"字段列表"对话框

（1）绑定型控件

绑定型控件与数据源直接连接，它们将数据直接输入数据库字段中或直接显示数据库字段中的数据，可以直接更改数据源中的数据或在数据源中的数据更改后直接显示变化。创建绑定型控件，首先窗体"记录源"属性设置的数据源中要包含绑定的字段。

（2）未绑定型控件

未绑定型控件与数据源无关。当给控件输入数据时，窗体可以保留数据，但不会更新数据源。未绑定型控件主要用于显示信息、线条、矩形或图像，执行操作，美化界面等。

（3）计算型控件

计算型控件使用表达式作为自己的数据源。表达式可以使用窗体或报表的数据表或查询中的字段数据，也可以使用窗体或报表上其他控件的数据。计算型控件可使用数据库数据执行计算，但是它们不更改数据库中的数据。

如果想让窗体中的控件成为绑定型控件，首先要确保该窗体是基于表或查询的，即窗体是绑定数据源的。大多数允许输入信息的控件既可以是绑定型控件，也可以是未绑定型控件，这完全根据窗体设计的需要而确定。

刚开始添加窗体控件最好采用如下操作步骤。

① 先确保"窗体设计工具/设计"选项卡"控件"组中的"使用控件向导"按钮处于按下状态。

② 选择对应控件命令。

③ 在窗体设计视图对应节中单击或拖动，将在窗体对应节中创建所选的控件。

④ 在控件向导指引下完成其他设置，对于许多控件来说，使用控件向导会提高创建效率，自动完成后续的一些设置和实现一些功能。

在创建的窗体上，根据需要可以添加各种控件。如果选错了控件，可以删除后继续添加。也可以快速更换控件，选择并右击要更换的控件，在弹出的快捷菜单的"更改为"子菜单中选择要更改为的控件，如文本框可以更改为组合框、列表框和标签，同理标签也可以转换为文本框，单选按钮也可以转换为复选框和切换按钮。

1. 标签控件

标签控件主要用来在窗体中显示说明性文本信息。例如，窗体上的标题或说明信息等。标签不显示字段或表达式的值，没有数据来源，它总是未绑定的。

标签可以附加到其他控件上，例如，创建文本框时会有一个附加的标签用于显示文本框的标题，这种形式的标签在窗体视图上显示的是字段标题。

使用"窗体设计工具/设计"选项卡"控件"组中的"标签"控件创建的标签是独立的标签，并不附加到任何其他控件上。这种形式的标签可以用于显示标题或说明性信息。

创建标签的一般步骤：在窗体设计视图中创建或打开窗体，选择"窗体设计工具/设计"选项卡"控件"组中的"标签"控件，在窗体中单击要放置标签的位置，然后在标签中输入相应的文本信息。更改标签文本的一般步骤：单击标签，然后选中标签中的文本，输入新文本信息或修改文本信息即可；也可以打开"属性表"对话框，在"格式"选项卡中修改"标题"属性值内容。"标题"属性值是标签控件的显示信息。

例如，要在"窗体页眉"节添加标签控件，显示"医生基本信息管理"文本信息，则具体操作如下：在窗体设计视图中打开窗体，选择"窗体设计工具/设计"选项卡"控件"组中的"标签"控件，在"窗体页眉"节单击或拖动，此时必须立即输入文本内容"医生基本信息管理"，否则标签控件会消失，如图4-22所示。

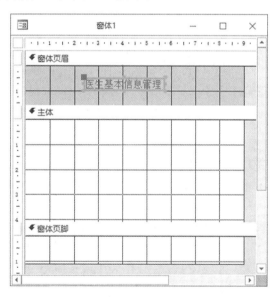

图 4-22　创建的标签

2. 文本框控件

文本框控件是窗体中最常用的控件之一，不仅可以用来显示、输入或编辑数据表中的数据，还可以显示计算结果或接收用户输入。

文本框分为绑定型、未绑定型和计算型3种类型。文本框可用来显示数据源中的数据，这种文本框类型称为绑定型文本框，因为它与表或查询中的某个字段相绑定。文本框也可以是未绑定的，这种文本框一般用来接收用户输入的数据，或用来作为计算型控件，它的数据源为表达式或函数，文本框内显示计算的结果。未绑定型文本框中的数据不会被系统自动保存。

（1）创建绑定型文本框

直接将"字段列表"中的字段拖动到窗体中，即可生成对应的绑定型文本框。

例如，要在"主体"节添加"病人表"中所有字段的绑定型文本框控件，具体操作如下：在设计视图中打开窗体后，打开"字段列表"对话框，找到并展开"病人表"，将"病人表"中的所有字段依次拖动到"主体"节内适当的位置，即可在该窗体中创建绑定型文本框，如图4-23所示。要注意的是，每个字段的文本框控件前面都跟随了一个标签控件，标签控件用于说明文本框控件。在"字段列表"对话框中如果要选择相邻的字段，单击其中的第一个字段，按住"Shift"键的同时单击最后一个字段即可；如果要选择不相邻的字段，按住"Ctrl"键的同时单击要包含的每个字段名称即可；如果要添加一个字段，直接双击即可。

图 4-23　创建绑定型文本框

（2）创建未绑定型文本框

未绑定型文本框主要用于输入文本内容，未绑定数据源，在窗体上使用"文本框"控件直接创建的文本框就是未绑定型的。未绑定型文本框也可以绑定到字段中，方法是单击要绑定的文本框，弹出"属性表"对话框，选择"数据"选项卡，然后在"控件来源"属性下拉列表框中选择要绑定的字段名称即可，如图4-24所示。

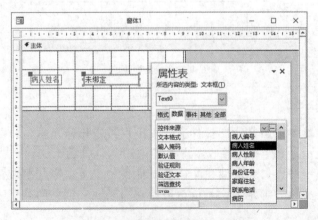

图 4-24　未绑定型文本框绑定到字段

（3）创建计算型文本框

计算型文本框用于显示表达式的计算结果，"控件来源"属性要设置为以"＝"号开始的表达式。

例如，在窗体绑定的数据源中有"工作时间"字段，要在窗体上使用文本框显示工龄，"工龄"文本框的"控件来源"属性值要设置为表达式"＝Year(Date())-Year([工作时间])"，如图 4-25 所示。如果要看到工龄的计算结果，则可切换到窗体视图，显示结果如图 4-26 所示。

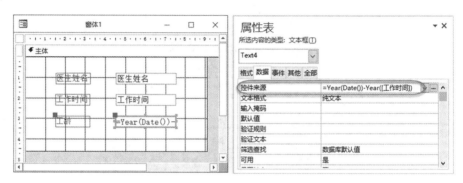

图 4-25　创建计算型文本框

图 4-26　窗体视图中的显示结果

3. 切换按钮、单选按钮和复选框控件

切换按钮、单选按钮和复选框控件，用于绑定到数据库中表或查询中的"是/否"类型的数据，与定义为"是/否"数据类型的字段对应；当字段的值为−1时，相当于"是""真"或"开"状态；当字段的值为0时，相当于"否""假"或"关"状态。

若直接将"字段列表"对话框中"是/否"类型的字段拖动到窗体上将创建绑定型的复选框控件。例如，在"字段列表"对话框中将"党员否"字段拖动到窗体上，将创建"党员否"复选框，如图 4-27 所示。如果要更改为切换按钮或单选按钮，可选中该"复选框"控件后右击，在弹出的快捷菜单中选择"更改为"对应的控件，如图 4-28 所示。

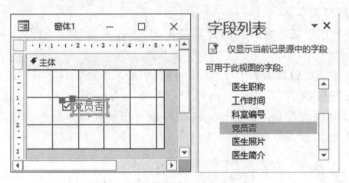

图 4-27   创建绑定型复选框

图 4-28   更改为其他控件

4. 选项组控件

选项组控件是一个容器控件，包含一组复选框、切换按钮或单选按钮，给出一系列限制性的选项值，在选项组中每次只能选择一个选项。如果要将选项组控件绑定到某个字段，则只有该控件本身绑定到该字段，而不是组内的复选框、切换按钮或单选按钮绑定到该字段。选项组的值只能是数字，而不能是文本。在选项组中所选择的选项决定了字段中的值。

例如，要将"党员否"字段显示为如图 4-29 所示的选项组，其中包含两个选项：是党员和不是党员。创建"选项组"控件时可使用选项组向导，在使用选项组向导前，要确保"窗体设计工具/设计"选项卡"控件"组中的"使用控件向导"按钮处于按下状态，然后选择"窗体设计工具/设计"选项卡"控件"组中的"选项组"控件即可。在这个例子中，按如下步骤操作将顺利创建选项组。

图 4-29 "党员否"选项组

① 在窗体"记录源"属性中选择"医生表",选择"窗体设计工具/设计"选项卡"控件"组中的"选项组"控件后在窗体上单击,弹出"选项组向导"对话框。在"标签名称"文本框中输入两个选项:是党员和不是党员,结果如图 4-30 所示。

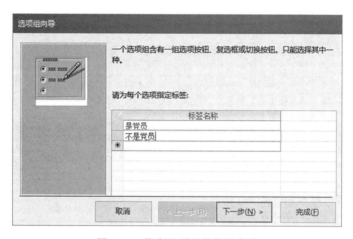

图 4-30 指定选项组的标签名称

② 单击"下一步"按钮,确定默认选项。采用默认值"是,默认选项是",并选择"是党员"为默认选项,如图 4-31 所示。

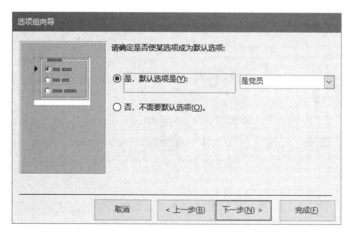

图 4-31 确定默认选项

③ 单击"下一步"按钮，由于"党员否"字段是"是/否"类型的字段，逻辑值"是"转换为数值是－1，逻辑值"否"转换为数值是 0，因此，在该对话框上，"是党员"对应的值是－1，"不是党员"对应的值是 0，如图 4-32 所示。

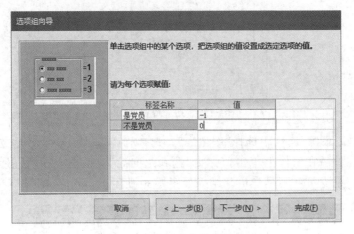

图 4-32　设置选定选项的值

④ 单击"下一步"按钮，选中"在此字段中保存该值"单选按钮，并在其右侧下拉列表中选择"党员否"字段，如图 4-33 所示，将选项组与"党员否"字段绑定。

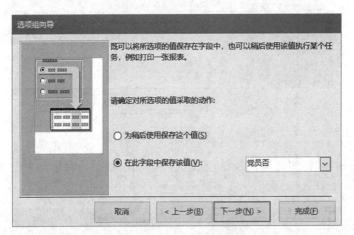

图 4-33　设置保存选项值的字段

⑤ 单击"下一步"按钮，采用默认选项，选项组中使用"选项按钮"类型，"蚀刻"样式，如图 4-34 所示。

⑥ 单击"下一步"按钮，在"请为选项组指定标题"文本框中输入"党员否"，如图 4-35所示。单击"完成"按钮，切换到窗体视图，结果如图 4-29 所示。

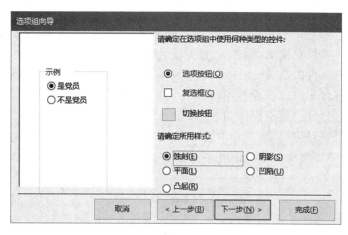

图 4-34   确定选项组中使用的控件类型

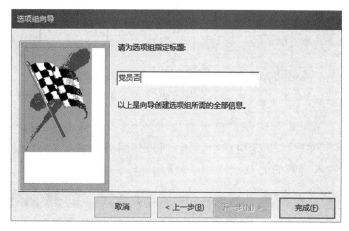

图 4-35   为选项组指定标题

5. 列表框和组合框控件

在某些情况下,从列表中选择一个值,要比记住一个值后输入它更快更容易。列表框和组合框控件,可以帮助用户方便地输入值,或确保在字段中输入值是正确的。例如,输入"医生表"中的"医生职称"字段或者"医生性别"字段的数据时可以使用列表框或组合框,使操作更加方便和准确。

列表框中的列表由数据行组成,在列表中可以有一个或多个字段,每栏的字段标题可以有也可以没有。如果在窗体中有空间并且需要可见的列表,或者输入的数据一定要限制在列表中,可以使用列表框。

在窗体中使用组合框可以节省一定的空间,可以从列表中选择值或输入新值。在组合框中输入值或选择某个值时,如果该组合框是绑定型组合框,则输入值或选择值将插入组合框所绑定的字段内。组合框的"限于列表"属性可用于控制列表中能输入数值或仅能在列表中输入符合条件的文本。

列表框的优点是列表随时可见，并且只提供在列表中可选的项目，缺点是不能添加列表中没有的值。组合框的优点是打开列表后才显示内容，在窗体中占用较少空间，可以在列表中选择也可以直接输入文本，这是组合框和列表框的区别。

列表框和组合框可以是绑定型的，也可以是未绑定型的。

创建列表框控件和组合框控件时可以使用控件向导，首先要确保"窗体设计工具/设计"选项卡"控件"组中的"使用控件向导"按钮处于按下状态，然后选择"控件"组中的"列表框"控件或"组合框"控件，在窗体对应位置拖动。例如，要输入"医生表"中的"医生职称"字段值，可创建如图 4-36 所示的"医生职称"组合框，具体操作步骤如下。

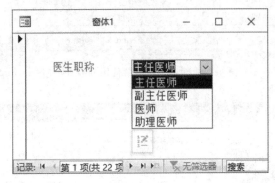

图 4-36 "医生职称"组合框

① 在窗体"记录源"属性中选择"医生表"，选择"控件设计工具/设计"选项卡"控件"组中的"组合框"控件，在窗体设计视图中单击，弹出"组合框向导"对话框。组合框获取数据方式选择"自行键入所需的值"，如图 4-37 所示。

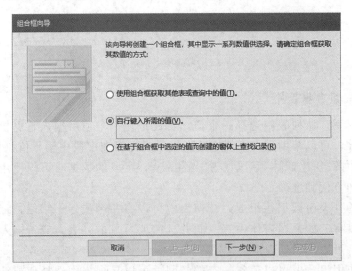

图 4-37 确定组合框获取数据方式

② 单击"下一步"按钮，确定组合框中要显示哪些值，在"第一列"列中分别输入"主任医师""副主任医师""医师"和"助理医师"，如图 4-38 所示。

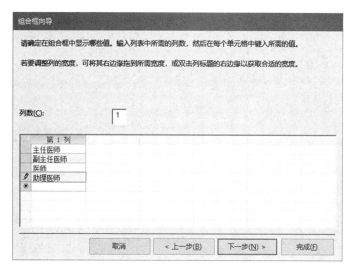

图 4-38　确定组合框中显示哪些值

③ 单击"下一步"按钮，选中"将该数值保存在这个字段中"单选按钮，字段为"医生职称"，即将组合框与"医生职称"字段绑定，如图 4-39 所示。

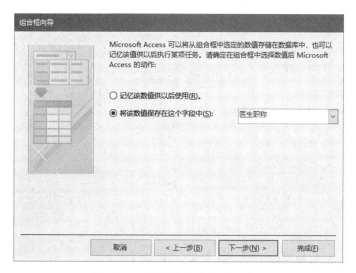

图 4-39　选择数值保存在哪个字段

④ 单击"下一步"按钮，在"请为组合框指定标签"文本框中输入"医生职称"，如图 4-40 所示。单击"完成"按钮，组合框创建完毕。

与创建组合框类似，使用列表框向导能方便地创建"医生职称"列表框来输入"医生职称"字段值。当然，也可直接将组合框控件转换为列表框控件，如在上例中，在设计视图中选中"医生职称"组合框并右击，在弹出的快捷菜单中选择更改为"列表框"，如图 4-41 所示。

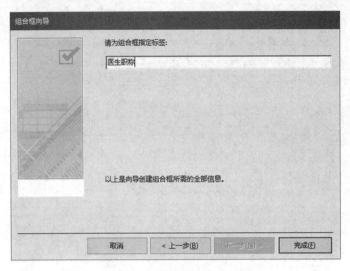

图 4-40　为组合框指定标签

图 4-41　组合框更改为列表框

更改后，切换到窗体视图，列表框效果如图 4-42 所示。

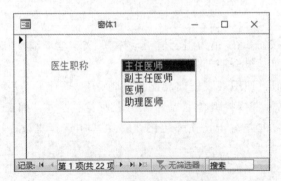

图 4-42　"医生职称"列表框

6. 命令按钮

在窗体上可以使用命令按钮来执行某个或某些操作。例如，可以创建一个命令按钮来浏览、添加或保存记录等。使用命令按钮向导可以创建不同类型的命令按钮。在使用命令按钮向导时，Access 将自动为用户创建按钮及事件代码。

向窗体上添加"按钮"控件后，命令按钮向导可帮助我们开始编程。例如，在窗体上添加一个"关闭窗体"按钮，单击该按钮后自动关闭窗体。

具体操作方法如下。

① 选择"窗体设计工具/设计"选项卡"控件"组中的"按钮"控件后在窗体设计视图中单击，弹出"命令按钮向导"对话框，选择"类别"列表框中的每个类别，查看该向导可以为命令按钮编程执行哪些操作。在"操作"列表框中选择想要执行的操作，然后单击"下一步"按钮。对于本例，选择"窗体操作"类别，"关闭窗体"操作，如图 4-43 所示。

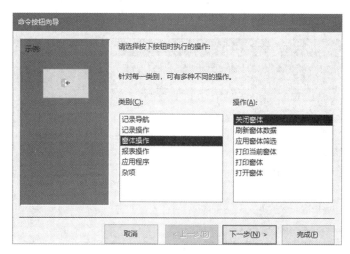

图 4-43　选择按钮执行的操作

② 单击"下一步"按钮，选择"文本"或"图片"选项，具体取决于大家想要在命令按钮上显示文本还是图片。如果希望显示文本，可以在"文本"文本框中编辑文本。如果希望显示图片，该向导会推荐列表框中的一个图片。如果希望选择其他图片，选中"显示所有图片"复选框即可显示 Access 提供的所有命令按钮图片的列表，或者单击"浏览"按钮选择存储在其他位置的图片。对于本例，选中"文本"单选按钮，文本框中输入"关闭窗体"，如图 4-44 所示。

③ 单击"下一步"按钮，指定按钮的名称，最好为命令按钮输入一个有意义的名称，以便后续容易区分和引用。本例中，在文本框中输入"cmdClose"，如图 4-45 所示。如果此时打开"属性表"对话框，会看到"名称"属性值变成了"cmdClose"，该属性编程时用于区分对象，属性值不能重复。单击"完成"按钮，命令按钮创建完成，结果如图 4-46 所示。

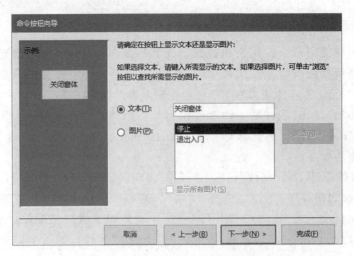

图 4-44　确定按钮上显示文本还是图片

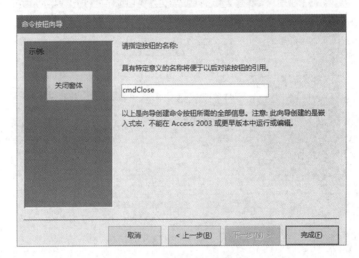

图 4-45　指定按钮的名称

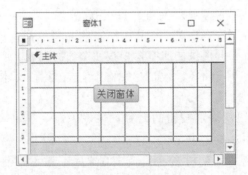

图 4-46　"关闭窗体"按钮

　　如果想查看它是否按预期的方式完成操作，可切换到窗体视图，单击"关闭窗体"按钮，窗体将会被自动关闭。

7. 选项卡控件

使用选项卡可以在一个窗体中显示多页信息，只需要单击选项卡的标签，就可以进行页面切换。这对于处理可分为两类或多类的信息时特别有用。

当窗体中包含许多控件时，将相关控件放在选项卡控件的不同页上可使处理更加容易。若要向窗体中添加选项卡，可以选择"窗体设计工具/设计"选项卡"控件"组中的"选项卡控件"命令。选项卡控件的每一页都可以作为文本框、组合框或命令按钮等其他控件的容器。下面演示如何向窗体中添加选项卡控件。

向窗体中添加选项卡控件。选择"窗体设计工具/设计"选项卡"控件"组中的"选项卡控件"命令后，单击窗体上要放置该选项卡控件的位置，适当调整大小即可，如图 4-47 所示，该选项卡是默认创建的选项卡，分为"页 1"和"页 2"两页。要重命名选项卡页可在"属性表"对话框"名称"属性右侧的文本框中输入新的页名称，如图 4-48 所示。

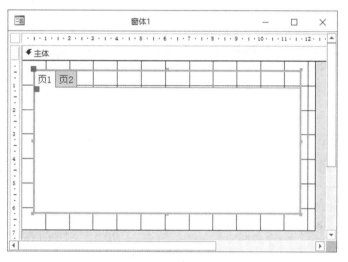

图 4-47　默认的选项卡控件

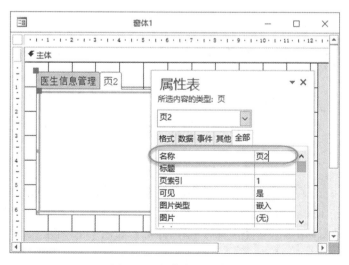

图 4-48　重命名选项卡页

根据设计需要，可以向选项卡页上添加其他类型的控件，如标签、文本框、图像、命令按钮和复选框等，添加方法和向窗体添加控件类似。如图 4-49 所示，在"医生信息管理"页中就添加了多个控件。

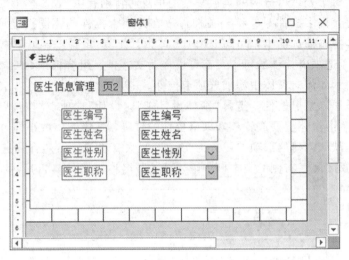

图 4-49　向选项卡页上添加控件

若要增加选项卡页或删除选项卡页，可在选项卡控件上右击，在弹出的快捷菜单中选择"插入页"或"删除页"命令，如图 4-50 所示。

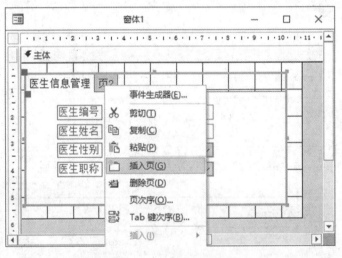

图 4-50　插入页或删除页

8. 图像控件

图像控件可用于显示图像，可以使用位图文件(扩展名为 .bmp 或 .dib)、图元文件(扩展名为 .wmf 或 .emf)或其他图形文件(如 GIF 和 JPEG 文件)来显示图像。图像控件可将图片显示在窗体上，对窗体进行美化和修饰，如图 4-51 所示。

图 4-51　图像控件显示图片

4.3.3　窗体或控件的属性

　　属性用于决定窗体和控件的特性，如外观、数据源等，窗体中的每一个控件都具有各自的属性，窗体本身也具有相应的属性。使用"属性表"对话框可以设置属性。在选定窗体、节或控件后，选择"窗体设计工具/设计"选项卡"工具"组中的"属性表"命令，弹出"属性表"对话框，如图 4-52 所示。"属性表"对话框由"格式""数据""事件""其他"和"全部"5 个选项卡组成，各属性按功能被分组到不同的选项卡中，表 4-2 对各选项卡的功能进行了说明。

图 4-52　窗体"属性表"对话框

表 4-2　"属性表"对话框的选项卡说明

选项卡名称	属性
格式	设置对象的外观和显示格式，如边框样式、字体大小等
数据	设置对象的数据源及操作数据的规则
事件	设置对象的触发事件
其他	不属于上述 3 项的属性
全部	上述 4 项属性的集合

1. 窗体的常用属性

　　窗体的属性与整个窗体相关联，选择或更改这些属性，可以确定窗体的整体外观和使用。

　　在设计视图中打开窗体，双击窗体节以外的空白区域或按"F4"键，可以快速打开窗体的"属性表"对话框。下面介绍窗体的常用属性。

(1)"格式"选项卡中的常用属性(见表 4-3)

表 4-3 "格式"选项卡中的常用属性

属性名称	功　　能
标题	指定窗体视图中标题栏上要显示的文本。默认为窗体名
滚动条	指定是否在窗体上显示滚动条。该属性值有"两者均无""只水平""只垂直"和"两者都有"(默认值)4 个选项
记录选择器	指定窗体在窗体视图中是否显示记录选择器。属性值有"是"(默认值)和"否"
导航按钮	指定窗体上是否显示导航按钮和记录编号框。属性值有"是"(默认值)和"否"
分隔线	指定是否使用分隔线分隔窗体上的节或连续在窗体上显示的记录。属性值有"是"(默认值)和"否"
自动调整	在打开窗体窗口时,是否自动调整窗体窗口大小以显示整条记录。属性值有"是"(默认值)和"否"
自动居中	当窗体打开时,是否在应用程序窗口中将窗体自动居中。属性值有"是"(默认值)和"否"
边框样式	可以指定用于窗体的边框和边框元素(标题栏、"控制"菜单、"最小化"和"最大化"按钮或"关闭"按钮)的类型。一般情况下,对于常规窗体、弹出式窗体和自定义对话框需要使用不同的边框样式。属性值有"无""细边框""可调边框"(默认值)和"对话框边框"
控制框	指定在窗体视图和数据表视图中窗体是否具有"控制"菜单。属性值有"是"(默认值)和"否"
最大最小化按钮	指定在窗体上"最大化"或"最小化"按钮是否可见。属性值有"无""最小化按钮""最大化按钮"和"两者都有"(默认值)
关闭按钮	指定是否启用窗体上的"关闭"按钮。属性值有"是"(默认值)和"否"

(2)"数据"选项卡中的常用属性(见表 4-4)

表 4-4"数据"选项卡中的常用属性

属性名称	功　　能
记录源	指定窗体的数据源。属性值可以是表名称、查询名称或者 SQL 语句
筛选	在对窗体应用筛选时指定要显示的记录子集
排序依据	指定如何对窗体中的记录进行排序。属性值是一个字符串表达式,表示要以其对记录进行排序的一个或多个字段(用英文逗号分隔)的名称。降序时输入 DESC
允许筛选	指定窗体中的记录能否进行筛选。属性值有"是"(默认值)和"否"
允许编辑 允许删除 允许添加	指定用户是否可在使用窗体时编辑、删除、添加记录。属性值有"是"(默认值)和"否"

属性名称	功　能
数据输入	指定是否允许打开绑定窗体进行数据输入。该属性不决定是否可以添加记录,只决定是否显示已有的记录。属性值有"是"和"否"(默认值)

(3)"其他"选项卡中的常用属性(表4-5)

表4-5　"其他"选项卡中的常用属性

属性名称	功　能
弹出方式	指定窗体是否作为弹出式窗口打开。弹出式窗口将停留在其他所有 Access 窗口的上方。通常将弹出式窗口的"边框样式"属性设为"细边框"。属性值有"是"和"否"(默认值)
模式	指定窗体是否可以作为模式窗口打开。作为模式窗口打开时,在焦点移动到另一个对象之前,必须先关闭该窗口。属性值有"是"和"否"(默认值)
菜单栏	可以将菜单栏指定给窗体使用,以便显示窗体的自定义菜单栏
快捷菜单	指定当右击窗体上的对象时是否显示快捷菜单。属性值有"是"(默认值)和"否"

2. 控件的常用属性

要控制好每一个控件,使它具备自身特性,就要设置其属性。每个控件都有许多属性,不同控件的属性也各不相同,但有些属性是相同的,如每个控件都有"名称"属性,用于唯一标识该控件。为了便于使用各种属性,下面将分别介绍控件的常用属性。

(1)"格式"选项卡中的常用属性(见表4-6)

表4-6　"格式"选项卡中的常用属性

属性名称	功　能
标题	为标签或命令按钮显示文本信息
小数位数	指定自定义数字、日期/时间和文本显示数字的小数点位数。属性值有"自动"(默认值),0~15
格式	自定义数字、日期/时间和文本的显示方式。可以使用预定义的格式,也可以使用格式符号创建自定义格式
可见	显示或隐藏窗体、报表、窗体或报表的节、控件。属性值有"是"(默认值)和"否"
字体名称	显示文本所用的字体名称。默认为宋体
字号	指定显示文本字体的大小。属性值范围为1~127
倾斜字体	指定文本是否变为斜体。属性值有"是"和"否"(默认值)

属性名称	功　能
背景色	指定一个控件的文本颜色。属性值是包含一个代表控件中文本颜色的值的数值表达式
前景色	属性值包括数值表达式，该表达式对应填充控件或节内部的颜色

（2）"数据"选项卡中的常用属性（见表 4-7）

表 4-7　"数据"选项卡中的常用属性

属性名称	功　能
控件来源	可以显示和编辑绑定到表、查询或 SQL 语句中的数据，还可以显示表达式的结果
输入掩码	可以使数据输入更容易，还可以控制用户可在文本框类型的控件中输入的值。只影响直接在控件或组合框中输入的字符
默认值	指定在新建记录时自动输入到控件或字段中的文本或表达式
验证规则	指定对输入到记录、字段或控件中的数据的限制条件
验证文本	当输入的数据违反了"有效性规则"的设置时，可以使用该属性指定要显示给用户的消息
是否锁定	指定是否可以在"窗体"视图中编辑控件数据。属性值有"是"和"否"（默认值）

（3）"其他"选项卡中的常用属性（见表 4-8）

表 4-8　"其他"选项卡中的常用属性

属性名称	功　能
名称	可以指定或确定用于标识对象名称的字符串。对于未绑定控件，默认名称是控件的类型加上一个唯一的整数。对于绑定控件，默认名称是基础数据源字段的名称
允许自动更正	指定是否自动更正文本框或组合框控件中用户输入的内容。属性值有"是"（默认值）和"否"
Tab 键索引	指定窗体上的控件在 Tab 键次序中的位置。属性值初始值为 0
控件提示文本	指定当鼠标指针停留在控件上时，显示提示文本框中的文字信息

3. 窗体和控件的事件

Windows 是事件驱动的操作系统。Access 在对象模型中包含了许多事件，包括鼠标的移动、数据的更改、窗体的打开及记录的添加等。事件是可以通过代码响应或"处理"的操作。事件可由用户操作（如单击鼠标或按某个键）、程序代码或系统产生。

事件驱动的应用程序执行代码以响应事件。每个窗体和控件都公开一组预定义事件，用户可根据这些事件进行编程。如果触发一个事件并且在相关联的事件处理程序中有代码，则调用执行该代码。

对象引发的事件类型会发生变化，但对于大多数控件来说，很多类型都是通用的。例如，大多数对象都会处理单击事件，如果用户单击窗体，就会执行窗体的单击事件处理程序内的代码。

在 Access 中，不同的对象触发的事件也不同。但总体来说，Access 中的事件主要有键盘事件、鼠标事件、对象事件、窗口事件和操作事件等。在与窗体、控件进行交互时，为了实现相应功能，完成对应操作，会在窗体和控件上触发不同的事件，从而调用宏或代码来完成任务。要触发窗体和控件事件调用宏或代码，需要打开"属性表"对话框，在"事件"选项卡中找到对应触发的事件，然后在右侧列表框中选择事件过程或宏，图 4-53 所示为一个按钮单击时要触发的单击事件。

图 4-53 单击按钮时触发的事件设置

下面将介绍窗体及控件的部分常用事件。

（1）键盘事件

键盘事件是操作键盘所引发的事件。键盘事件主要有"键按下""键释放"和"击键"等。

"键按下"事件：在控件或窗体获得焦点时，在键盘上按下任何键所发生的事件。

"键释放"事件：在控件或窗体获得焦点时，释放一个按下的键所发生的事件。

"击键"事件：在控件或窗体获得焦点时，按下并释放一个键或键组合时所发生的事件。

（2）鼠标事件

鼠标事件即操作鼠标所引发的事件。鼠标事件应用较广，特别是"单击"事件。

"单击"事件：当鼠标在该控件上单击时所发生的事件。

"双击"事件：当鼠标在该控件上双击时所发生的事件；对于窗体来说，此事件在双击空白区域或窗体上的记录选定器时发生。

"鼠标按下"事件：当鼠标在该控件上按下左键时所发生的事件。

"鼠标移动"事件：当鼠标在窗体、窗体选择内容或控件上来回移动时所发生的事件。

"鼠标释放"事件：当鼠标指针位于窗体或控件上时，释放一个按下的鼠标键时所发生的事件。

（3）对象事件

常用的对象事件有"获得焦点""失去焦点""更新前""更新后"和"更改"等。

"获得焦点"事件：当窗体或控件接收焦点时所发生的事件。

"失去焦点"事件：当窗体或控件失去焦点时所发生的事件。

当"获得焦点"事件或"失去焦点"事件发生后，窗体上的所有可见控件都失效，或窗体上没有控件时，才能重新获得焦点。

"更新前"事件：在控件或记录用更改了的数据更新之前所发生的事件。此事件还可能在控件或记录失去焦点，或选择"开始"选项卡"记录"组中的"保存"命令时发生；此事件也可能在新记录或已存在记录上发生。

"更新后"事件：在控件或记录用更改过的数据更新之后所发生的事件。此事件在控件或记录失去焦点时发生；此事件也可能在新记录或已有的记录上发生。

"更改"事件：在文本框或组合框的部分内容更改时所发生的事件。

（4）窗口事件

窗口事件指操作窗口时所引发的事件。常用的窗口事件有"打开""关闭"和"加载"等。

"打开"事件：在打开窗体但第一条记录显示之前所发生的事件。

"关闭"事件：在关闭窗体并从屏幕上移除窗体时所发生的事件。

"加载"事件：在打开窗体，并且显示了其记录时所发生的事件，此事件发生在"打开"事件之后。

一个事件处理完才轮到下一个事件，打开一个窗体时，事件发生顺序如下。

打开→加载→调整大小→激活→成为当前→进入（控件）→获得焦点（控件）

关闭窗体时，事件发生顺序如下：

退出（控件）→失去焦点（控件）→卸载→停用→关闭

（5）操作事件

操作事件指与操作数据有关的事件。常用的操作事件有"删除""插入前""插入后""成为当前""不在列表中""确认删除前"和"确认删除后"等。

4.4　修饰窗体

4.4.1　主题的应用

主题是修饰和美化窗体的一种快捷方法，是一套统一的设计元素和配色方案，可以使数据库中的所有窗体具有统一的色调。Access 2016 提供了多套主题，要快速美化窗体可在设计视图中直接使用主题。选择"窗体设计工具/设计"选项卡"主题"组中的"主题"命令，在弹出的下拉列表中选择一种主题即可，如图 4-54 所示。

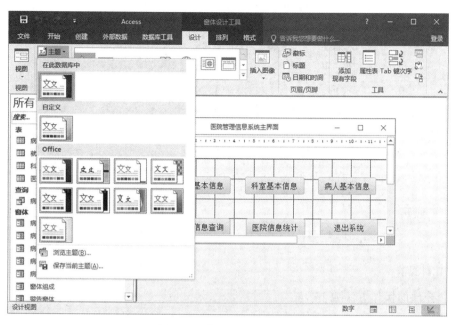

图 4-54 使用主题美化窗体

4.4.2 窗体的布局

为了使窗体上的控件整齐美观，需要调整或排列控件，这时可使用"窗体设计工具/排列"选项卡中的命令实现。

1. 选择控件

在对控件进行操作之前先要选择控件。

① 选择一个控件的方法：单击控件即可选中该控件。

② 选择多个控件的方法：按住"Shift"键的同时分别单击要选择的控件，即可选择多个控件。

③ 使用标尺选择控件的方法：将光标移到水平标尺，当鼠标指针变为向下箭头时拖动鼠标到所需选择的位置，即可选择多个控件。

④ 选择全部控件的方法：选择"窗体设计工具/格式"选项卡"所选内容"组中的"全选"命令，即可选择所有控件。也可以按"Ctrl＋A"快捷键选择全部控件。

2. 改变控件大小

要改变控件的大小，最简单的方式是使用鼠标拖动来改变控件的大小：选中控件，其周围会出现 8 个控制柄，拖动控制柄将改变控件的大小。也可以使用属性来准确改变控件的大小，如"高度""宽度"等属性。还可以选择"窗体设计工具/排列"选项卡"调整大小和排序"组中的"大小/空格"命令，在弹出的下拉列表中选择"正好容纳""至最高""至最短""对齐网格""至最宽"或"至最窄"命令来辅助改变控件大小，如图 4-55 所示。

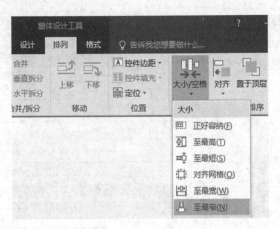

图 4-55 "大小/空格"命令项辅助改变控件大小

3. 复制控件

复制控件的操作方法如下。

① 选择一个或多个要复制的控件。

② 选择"开始"选项卡"剪贴板"组中的"复制"命令。

③ 将鼠标指针移动到要复制的节位置并单击。

④ 选择"开始"选项卡"剪贴板"组中的"粘贴"命令，即可完成复制控件的操作。

4. 移动控件

使用命令移动控件的操作方法如下。

① 选择一个或多个要移动的控件。

② 选择"开始"选项卡"剪贴板"组中的"剪切"命令。

③ 将鼠标指针移动到要复制的节位置并单击。

④ 选择"开始"选项卡"剪贴板"组中的"粘贴"命令，即可完成移动控件的操作。

使用鼠标拖动来移动控件的操作方法如下。

① 选择一个或多个要移动的控件。

② 将鼠标指针移动到要移动的控件的边框处，当鼠标指针变为双箭头形状时按下鼠标左键，将控件拖动到所需位置即可。

5. 删除控件

删除控件的操作步骤：选择一个或多个要删除的控件，选择"开始"选项卡"记录"组中的"删除"命令或按"Delete"键。

6. 对齐控件

对齐控件的操作步骤：选择多个要对齐的控件，选择"窗体设计工具/排列"选项卡"调整大小和排序"组中的"对齐"命令，在弹出的下拉列表中选择"靠左""靠右""靠上""靠下""对齐网格"命令之一对齐控件即可，如图 4-56 所示。

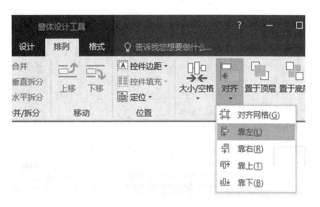

图 4-56 使用"对齐"命令对齐控件

4.5 窗体综合实例

【例 4-9】 创建一个自定义窗体，窗体名称为"科室浏览窗体"，如图 4-57 所示。该窗体通过组合框选择科室名称后，单击"运行查询"按钮，将运行"各科室医生信息"查询，显示对应科室的医生信息。

① 打开"医院管理 . accdb"数据库，选择"创建"选项卡"窗体"组中的"窗体设计"命令，在设计视图中打开一个空窗体，同时在功能区中出现"窗体设计工具"选项卡。

② 设置窗体的标题为"科室浏览窗体"。选择"窗体设计工具/设计"选项卡"工具"组中的"属性表"命令，弹出"属性表"对话框，选择"格式"选项卡，在窗体的"标题"属性文本框中输入"科室浏览窗体"，如图 4-58 所示。

图 4-57 科室浏览窗体

图 4-58 设置窗体"标题"属性

③ 添加标签控件，显示"按科室浏览医生信息"。选择"窗体设计工具/设计"选项卡"控件"组中的"标签"命令，在"主体"节添加一个标签。可在打开的"属性表"对话框中进行相关属性设置，当然，为方便操作，对于常用的一些格式属性如"字体""字号""字体颜色"等也可在"窗体设计工具/格式"选项卡中进行设置，这与在"属性表"对话框中设置是一致的。标签对象属性设置如表 4-9 所示。

表 4-9　标签对象的属性设置

对象	属性名	属性值
标签	标题	医生基本信息管理
	字体名称	黑体
	字号	24

④ 添加组合框控件，用于显示科室名称。修改组合框的"名称"属性为"ksmc"，附加标签的"标题"属性设置为"科室名称："。在"ksmc"组合框上右击，在弹出的快捷菜单中选择"属性"命令，弹出"属性表"对话框。选择"行来源类型"为"表/查询"，单击"行来源"右侧的"查询生成器"按钮，打开查询生成器，将科室表中的"科室名称"添加到设计网格，按升序排序，如图4-59示，关闭查询生成器。从图4-60可见，"行来源"的属性自动生成语句为

SELECT 科室表．科室名称 FROM 科室表 ORDER BY 科室表．科室名称；

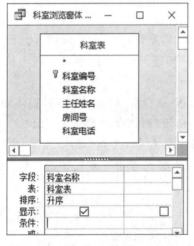

图 4-59　查询生成器　　　　图 4-60　"ksmc"组合框的"行来源"属性设置

⑤ 创建"各科室医生信息"查询，其功能是从数据源中抽取部分字段重新组织数据，其设计视图如图4-61所示。该查询在窗体上单击"运行查询"按钮时才运行。

在"科室名称"字段的"条件"行中输入表达式"Like［forms］!［科室浏览窗体］!［ksmc］&"＊""，其中"ksmc"是"科室浏览窗体"窗体上的组合框，用于接收用户选择的科室名称；& 为字符连接符，用于连接文本字符，与"＊"连接，在组合框未选择选项时按"＊"进行查询，即可查询所有记录。

在查询设计视图中引用窗体名称、控件名称时要加［］，窗体名称前还要加［forms］!，表示为窗体类，引用窗体中控件的格式为"［forms］!［窗体名称］!［控件名称］"。

⑥ 添加"运行查询"和"关闭窗体"两个按钮。先确保"窗体设计工具/设计"选项卡"控件"组中的"使用控件向导"按钮处于按下状态，然后选择"按钮"控件，并在窗体"主体"节的下方区域放置第一个按钮，此时弹出"命令按钮向导"对话框，如图4-62所示。选择"操

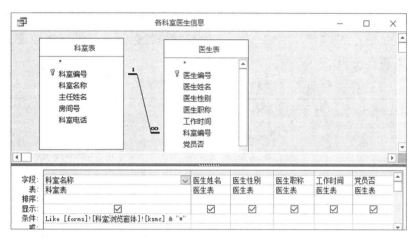

图 4-61 "各科室医生信息"查询的设计视图

作"为"运行查询",随后选择运行的查询为"各科室医生信息",按钮显示文本为"运行查询"。用同样的方法添加第二个按钮,选择"操作"为"关闭窗体",按钮显示文本为"关闭窗体"。此时设计视图中的窗体如图 4-63 所示。

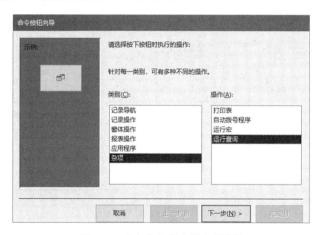

图 4-62 "命令按钮向导"对话框

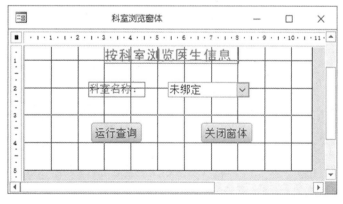

图 4-63 "科室浏览窗体"的设计视图

⑦ 对窗体进行修饰，设置为对话框窗体。选择"窗体设计工具/设计"选项卡"工具"组中的"属性表"命令，弹出"属性表"对话框，选择"格式"选项卡，进行属性设置。窗体对象的属性设置如表 4-10 所示。

表 4-10　窗体对象的属性设置

对象	属性名	属性值
窗体	导航按钮	否
	滚动条	两者均无
	分隔线	否
	记录选择器	否
	边框样式	对话框边框

第5章 报表设计

学习目标

❖ 掌握报表的编辑操作、报表的排序和分组，以及计算控件的使用。

❖ 熟悉 Access 报表的定义与组成、报表的分类和创建报表的方法；熟悉预览、打印和保存报表的基本操作。

❖ 了解子报表、多列报表和复杂报表的创建。

报表提供了一种查看、格式化和汇总 Access 数据库中信息的方法。例如，可以为所有医生创建一个简单的电话号码报表，或为不同科室创建一个病人就诊情况汇总报表。在本章中，将概括地了解 Access 中的报表，创建报表和对报表数据进行排序、分组和汇总的基础知识，以及如何预览和打印报表。

5.1 报表的基本概念与组成

5.1.1 认识报表

报表是 Access 数据库中的一个对象，是以打印的格式显示数据的一种方式，报表主要用于对数据库中的数据进行分组、计算、汇总和打印输出。尽管数据表和查询都可用于打印，但是报表才是打印和复制数据库管理信息的最佳方式。报表既可以输出到屏幕上，也可以传送到打印设备打印。

报表是查阅和打印数据的方法，与其他打印数据的方法相比，具有以下两个优点。

① 报表不仅可以执行简单的数据浏览和打印功能，还可以对大量原始数据进行比较、汇总和小计。

② 报表可生成清单、订单及其他所需的输出内容，从而可以方便有效地处理商务信息。

报表作为 Access 2016 数据库的一个重要组成部分，不仅可用于数据分组，单独提供各项数据和执行计算，还提供了以下功能。

① 可以制成各种丰富的格式，从而使用户的报表更易于阅读和理解。

② 可以使用剪贴画、图片或者扫描图像来美化报表的外观。

③ 通过页眉和页脚，可以在每页的顶部和底部打印标识信息。

④ 可以利用图表和图形来帮助说明数据的含义。

5.1.2 报表的视图

在 Access 数据库中，报表的视图有报表视图、打印预览、布局视图和设计视图 4 种。

1. 报表视图

报表的"报表视图"是设计完报表之后所展现的效果。在该视图中可以对数据进行排序、筛选。

2. 打印预览

报表的"打印预览"视图是用于测试报表对象打印效果的窗口。Access 提供的"打印预览"视图所显示的报表布局和打印内容与实际打印效果一致。

3. 布局视图

报表的"布局视图"用于在显示数据的同时对报表进行设计、调整布局等工作。用户可根据数据的实际大小调整报表的结构。报表的"布局视图"类似窗体的"布局视图"。

4. 设计视图

报表的"设计视图"用于创建报表，也是设计报表对象的结构、布局，数据的分组与汇总特性的窗口。若要创建一张报表，可通过设计视图实现。

在设计视图中，可以使用"报表设计工具/设计"选项卡上的控件按钮添加控件，如标签和文本框，创建的控件可放在"主体"节中，或其他某个报表节中，可以使用标尺对齐控件。此外，还可以使用"报表设计工具/格式"选项卡上的命令更改字体或字体大小，对齐文本，更改边框或线条宽度，应用颜色或特殊效果等。

报表各视图的切换可使用"视图"下拉列表中的命令实现，如图 5-1 所示。

图 5-1 "视图"下拉列表

5.1.3 报表的组成

报表是按节设计的，用户可以在设计视图中查看这些节，报表中的信息可以分布在多个节中。此外，可以在报表中对记录数据进行分组，对每个组添加其对应的组页眉和组页脚。了解每个节的工作原理将有助于创建更好的报表。例如，选择用于放置计算控件的节确定了 Access 计算结果的方式。

Access 完整报表由报表页眉、页面页眉、组页眉、主体、组页脚、页面页脚和报表页脚 7 部分组成，每个部分称为一个"节"。图 5-2 所示为一个打开的示例报表的设计视图。

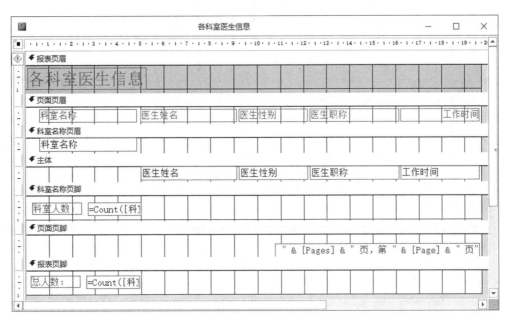

图 5-2　示例报表的设计视图及该报表的组成

1. 报表页眉

"报表页眉"仅在报表开头出现一次。可以用报表页眉显示商标、报表题目或打印日期等内容。报表页眉打印在报表首页的页面页眉之前，用作封面或信封等。

2. 页面页眉

"页面页眉"节中的文字或字段，通常会打印在每页的顶部，可以用于显示页标题或列标题等信息。如果报表页眉和页面页眉共同存在于第 1 页，则页面页眉数据会打印在报表页眉数据之下。

3. 主体

"主体"节包含报表数据的明细部分。该节对报表记录源中每条记录是重复的，用于处理每一条记录，其中的每个值都要被打印。该节通常包含绑定到记录源中字段的控件，但也可能包含未绑定控件，如标识字段内容的标签。"主体"节可以详细地显示记录。如果某报表的"主体"节中没有包含任何控件，则可以在其属性表中将"主体"节"高度"属性设置为 0。

4. 页面页脚

"页面页脚"通常包含页码或控件，其中的"="第"&[page]&"页""表达式用来打印页码。页面页脚出现在报表中每个打印页的底部。

5. 报表页脚

"报表页脚"用于打印报表末尾，通常用于显示整个报表的计算汇总等。

6. 组页眉和组页脚

在分组和排序时，可以在报表中的每个组内添加组页眉和组页脚。组页眉显示在新记录组的开头，用于显示分组字段的数据。可以在组页眉显示适用于整个组的信息，如组名称等。组页脚出现在每组记录的结尾，用于显示该组的小计值等信息。选择"报表设计工具/设计"选项卡"分组和汇总"组中的"分组与排序"命令，弹出"排序、分组和汇总"对话框。选定分组字段后，对话框会出现"组属性"选项组，将"组页眉"和"组页脚"设置为"有页眉节"和"有页脚节"，在工作区将会出现相应的组页眉和组页脚。

5.1.4 报表的类型

Access 提供了纵栏式报表、表格式报表、图表报表和标签报表 4 种类型的报表。

1. 纵栏式报表

在纵栏式报表中，每个字段都显示在"主体"节中的一个独立的行上，并且左侧带有一个该字段的标题标签。

2. 表格式报表

在表格式报表中，每条记录的所有字段显示在"主体"节中的一行上，其记录数据的字段标题信息标签显示在报表的"页面页眉"节中。

3. 图表报表

图表报表指在包含图表显示的报表。

4. 标签报表

标签报表是 Access 报表的一种特殊类型。如果将标签绑定到表或查询中，Access 就会为记录源中的每条记录生成一个标签。

5.2 创建报表

报表包括从表或查询中提取的信息，以及与报表设计一起存储的信息，如标签、标题和图形等。使用报表可以创建邮件标签，可以创建图表以显示统计数据，可以对记录按类别进行分组，可以计算总计等。

提供基础数据的表或查询称为报表的记录源。报表的记录源可以是表或查询对象，还可以是一条 SQL 语句，通过"属性表"对话框中的"记录源"属性进行设置。如果要包括的字段都存在于单张表中，则使用该表作为记录源。如果字段包含在多张表中，则需要使用一个或多个查询作为记录源。报表中显示的数据来自记录源指定的基础表或查询，报表上的其他信息，如标题、日期和页码存储在报表的设计中。

在报表中，对于负责显示记录源中某个字段数据的控件，需要将该控件的"控件来源"属性指定为记录源中的该字段。

在 Access 2016 中提供了多种创建报表的命令，选择"创建"选项卡，在"报表"组中显示了"报表""报表设计""空报表""报表向导"和"标签"5 种创建报表的命令，如

图 5-3 所示。

创建报表的方法和创建窗体非常类似。"报表"命令用于对当前选定的表或查询创建基本的报表，是一种最快捷的创建报表方式。"报表设计"命令以设计视图的方式创建一张空报表，可以对报表进行高级设计、添加控件和编写代码。"空报表"命令以布局视图

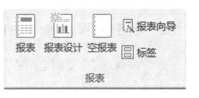

图 5-3 创建报表的命令

的方式创建一张空报表。"报表向导"命令提供"报表向导"对话框，帮助用户创建一张简单的自定义报表。"标签"命令用于对当前选定的表或查询创建标签式的报表。

5.2.1 使用"报表"命令创建报表

使用"报表"命令可以自动创建包含记录源中所有字段的简单表格式报表。在选择"报表"命令前必须先在导航窗格中选择表或查询作为记录源。

【例 5-1】 在"医院管理.accdb"数据库中，使用"报表"命令创建一个基于"各科室医生信息"查询的报表。

分析：完成此题应先创建一个包含"科室名称""医生姓名""医生性别""医生职称""工作时间"和"党员否"6 个字段的查询，查询名为"各科室医生信息"。

其操作方法如下。

① 打开"医院管理.accdb"数据库，选择"各科室医生信息"查询作为记录源。

② 选择"创建"选项卡"报表"组中的"报表"命令，将会在布局视图中打开自动创建的简单表格式报表，如图 5-4 所示。在布局视图中可对该报表进行简单调整，若要进一步修改可切换到设计视图。

各科室医生信息			— □ ×

各科室医生信息				2022年8月18日 16:54:54
科室名称	医生姓名	医生性别	医生职称	工作时间 党员否
内科	赵希明	女	主任医师	1983年1月25日 ☐
普外科	程小山	男	主任医师	1970年4月29日 ☐
妇科	李娜	女	主任医师	1968年2月8日 ☐
妇科	苑平	男	主任医师	1957年9月18日 ☑
骨科	吴威	男	主任医师	1970年1月29日 ☐
骨科	郭新	女	副主任医师	1969年6月25日 ☑
眼科	田野	女	主任医师	1974年8月20日 ☑
眼科	绍林	女	副主任医师	1983年1月25日 ☑

图 5-4 使用"报表"命令创建的报表

③ 命名并保存报表，完成创建。

5.2.2 使用"空报表"命令创建报表

使用"空报表"命令创建报表将在布局视图中打开一个空白报表，并打开"字段列表"对话框。可展开"字段列表"对话框中的表，然后将字段从"字段列表"对话框中拖动到报表上，Access将创建一个嵌入式查询并将其存储在报表的"记录源"属性中。也可以从"属性表"对话框中的"记录源"属性下拉列表中选择表或查询，然后将字段从"字段列表"对话框中拖动到报表上。

使用"空报表"命令创建报表可以实现按需添加字段创建简单表格式报表。

【例5-2】 在"医院管理.accdb"数据库中，使用"空报表"命令创建一张基于"医生表"的表格式报表，仅显示"医生姓名""医生性别""工作时间"和"医生职称"字段。

其操作方法如下。

① 打开"医院管理.accdb"数据库，选择"创建"选项卡"报表"组中的"空报表"命令，将在布局视图中打开一张空报表，同时打开"字段列表"对话框，如图5-5所示。

图 5-5　使用"空报表"命令创建的报表

② 在"字段列表"对话框中展开"医生表"，将会显示"医生表"的全部字段。依次拖动或双击"医生姓名""医生性别""医生职称"和"工作时间"字段，结果如图5-6所示。若要在报表中添加相关表的字段，则可在"相关表中的可用字段"列表中展开对应表，然后依次添加相关表中的字段。

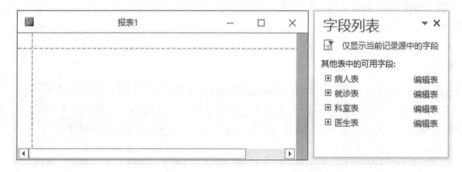

图 5-6　向报表上添加字段

③ 命名并保存报表，完成创建。

5.2.3 使用"报表向导"命令创建报表

虽然使用"报表"和"空报表"命令可以快速地创建一张报表，但数据源只能来自一张表或一个查询。如果报表中的数据来自多张表或多个查询，则可以使用"报表向导"命令创建报表。"报表向导"命令通过提供一个多步骤向导，引导用户回答问题来获取创建报表所需的信息，创建的报表对象可以包含多张表或多个查询中的字段，并可以对数据进行分组、排序及布局。

【例 5-3】 在"医院管理.accdb"数据库中，使用"报表向导"创建一张名为"医生出诊信息"的报表，仅显示"科室名称""医生编号""医生姓名""病人编号"和"就诊日期"字段，按"科室名称"分组显示医生的出诊信息。

其操作方法如下。

① 打开"医院管理.accdb"数据库，选择"创建"选项卡"报表"组中的"报表向导"命令，弹出"报表向导"对话框，在"表/查询"下拉列表中依次选择"科室表""医生表"和"就诊表"，选定字段"科室名称""医生编号""医生姓名""病人编号"和"就诊日期"，如图 5-7 所示。

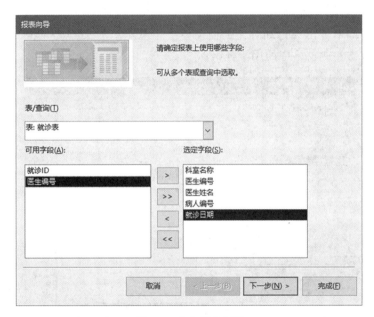

图 5-7 确定报表字段

② 单击"下一步"按钮，确定查看数据的方式。由于"科室表"与"医生表"是"一对多"的关系，而"医生表"与"就诊表"也是"一对多"的关系，所以自动将"科室表"作为主表查看数据，当然也可以手动修改，本例中采用通过"科室表"查看数据，如图 5-8 所示。

③ 单击"下一步"按钮，添加分组级别，如图 5-9 所示。这里自动给出了分组级别，并给出了分组后的报表布局预览，先按"科室名称"字段分组，再按"医生编号"和"医生姓

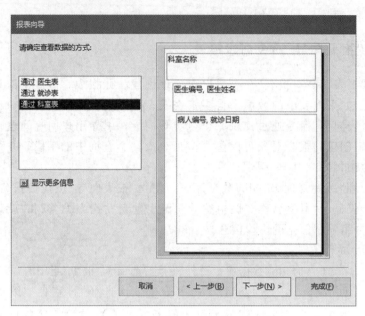

图 5-8　确定查看数据的方式

名"分组，这是"科室表"与"医生表"之间、"医生表"与"就诊表"之间所建立的"一对多"关系所决定的，否则不会出现自动分组，而需要手工分组。如果需要再按其他字段进行分组，可以直接双击左侧窗格中的用于分组的字段。

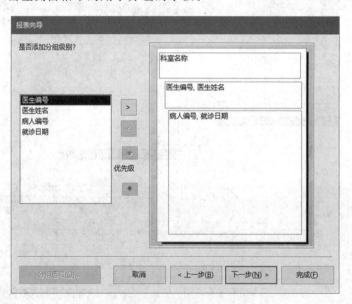

图 5-9　添加分组级别

④ 单击"下一步"按钮，确定排序字段，如图 5-10 所示。这里选择按"就诊日期"升序排列。

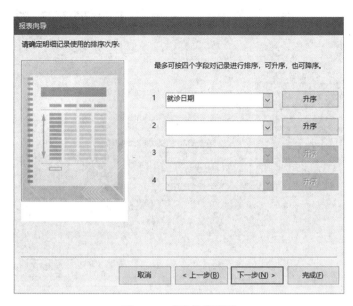

图 5-10　确定排序字段

⑤ 单击"下一步"按钮，确定报表的布局方式，如图 5-11 所示。这里选择"递阶"布局，纵向。

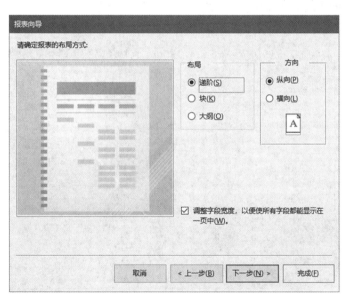

图 5-11　确定报表布局方式

⑥ 单击"下一步"按钮，指定报表标题，如图 5-12 所示。在文本框中输入"医生出诊信息"，选择"预览报表"单选按钮，单击"完成"按钮，报表创建完成，结果如图 5-13所示。

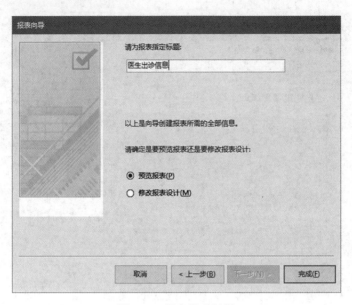

图 5-12　指定报表标题

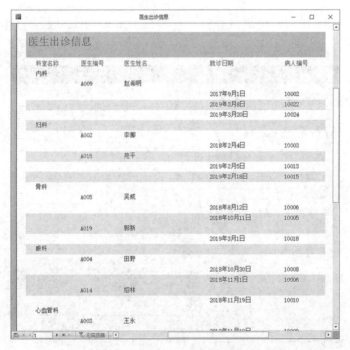

图 5-13　打印预览视图中的报表

5.2.4　使用"标签"命令创建报表

在日常工作和生活中经常用到各种标签，可以使用"标签"命令创建报表来实现。使用"标签"命令会提供一个标签向导，允许用户选择标准或自定义的标签大小、指定显示字段及确定字段的排序方式，并基于所做的选择创建报表。在使用"标签"命令前必须先选择表或查询作为数据源。如果对标签有特殊要求，用户可先按标签向导的提示创建标签报表，然后在该报表的设计视图中对标签的外观进行自定义设计，这样可以加快标签报表的创建过程。

【例5-4】 在"医院管理.accdb"数据库中，使用"标签"命令创建一张"病人信息标签"报表，仅显示"病人编号""病人姓名""病人性别"和"年龄"字段，并按"病人编号"字段排序。

其操作方法如下。

① 打开"医院管理.accdb"数据库，选择"创建"选项卡"报表"组中的"标签"命令，弹出"标签向导"对话框，在此指定标签尺寸。标签向导针对不同的标签厂商提供了多种预设尺寸，既适合单页送纸标签，也适合连续送纸标签，用户可根据需要进行选择，"横标签号"表示"每行标签数"。本例中选择 Avery 厂商的"C2166"型号的标签，如图5-14所示。如果需要自行定义标签的尺寸，可单击"自定义"按钮，在弹出的"新建标签尺寸"对话框中进行具体设置。

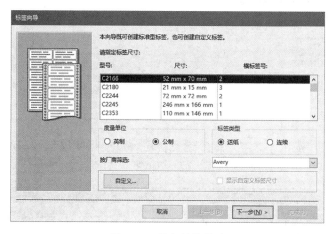

图5-14　指定标签尺寸

② 单击"下一步"按钮，指定标签文本外观，包括标签文本的字体和颜色，如图5-15所示，这里采用默认值。

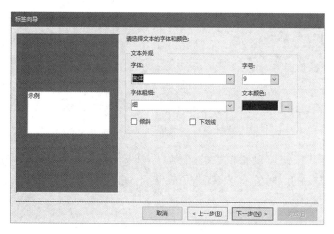

图5-15　选择标签文本的字体和颜色

③ 单击"下一步"按钮，确定邮件标签的显示内容。在"原型标签"列表框中指定字段及其结构，"原型标签"列表框中放置的内容是将要在标签上显示的文本。依次将所需的字段从"可用字段"列表框中移至"原型标签"列表框，然后添加文本、空格、标点符号或换行，以指定信息在标签中的显示位置和显示方式。本例共添加了 4 个显示字段，显示为 4 行，并且在每个字段前面添加了提示文本："病人编号：{病人编号}""病人姓名：{病人姓名}""病人性别：{病人性别}"和"病人年龄：{病人年龄}"，如图 5-16 所示。

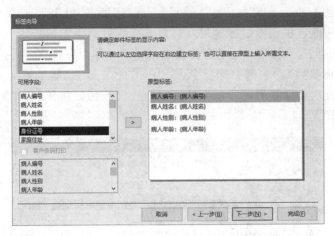

图 5-16   确定邮件标签的显示内容

④ 单击"下一步"按钮，对整个标签进行排序，可根据需要选择一个或多个字段对标签进行排序。本例以"病人编号"为排序字段，如图 5-17 所示。

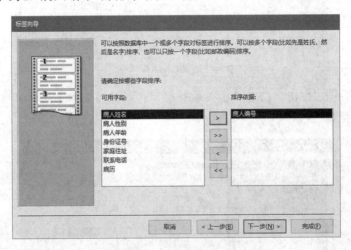

图 5-17   确定排序字段

⑤ 单击"下一步"按钮，设置报表的名称为"病人信息标签"，如图 5-18 所示。

⑥ 单击"完成"按钮，标签报表创建完成并自动保存，同时在打印预览视图中打开，结果如图 5-19 所示。

图 5-18　指定报表的名称

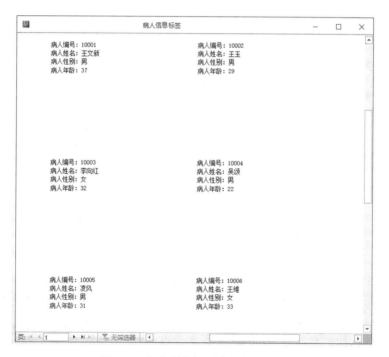

图 5-19　打印预览视图中的标签报表

5.2.5 使用"报表设计"命令创建报表

如果要创建个性化、美观的报表，则要在设计视图中打开报表进行详细设计。

使用"报表设计"命令将在设计视图中打开一个空报表，可在该报表中添加所需的字段和控件。在设计视图中创建报表与创建窗体的方法类似，只不过报表上的控件只能用来显示和打印报表。在报表设计视图中，功能区中会出现"报表设计工具"选项卡，由"设计""排列""格式"和"页面设置"4个子选项卡组成，提供了设计报表的主要命令，这些命令和窗体设计命令类似，如图5-20所示。

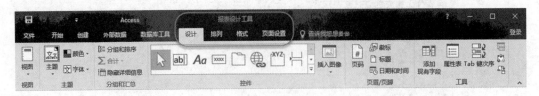

图5-20 "报表设计工具"选项卡

1. 添加所需的节

为了实现报表内容的控制，可根据需要添加不同的节。

选择"创建"选项卡"报表"组中的"报表设计"命令，将在设计视图中打开如图5-21所示的报表，默认情况下，它只包含"页面页眉""主体"和"页面页脚"3个节。

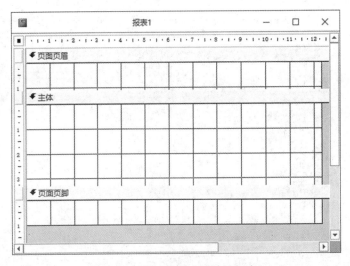

图5-21 设计视图中的默认报表

若需要其他节，可在报表上右击，在弹出的快捷菜单中选择"页面页眉/页脚"或"报表页眉/页脚"命令显示和关闭其他节，如图5-22所示。通常报表由5个基本节组成，分别是报表页眉、页面页眉、主体、页面页脚和报表页脚。

2. 设置记录源

在报表设计视图中，首先要设置报表的记录源，可以将字段从"字段列表"对话框中拖动到报表中，这时将自动设置嵌入式查询作为记录源；也可以从"属性表"对话框"数据"选项卡"记录源"属性下拉列表中选择表或查询。例如，图5-23将报表的"记录源"设置为"医生表"。

图 5-22　在设计视图中添加其他节

图 5-23　在"属性表"对话框中设置记录源

3. 添加控件

根据设计需要在不同节上添加控件用来显示数据、文本、图片及各种统计信息。

添加报表控件和添加窗体控件的方法是一致的。可以直接从记录源的"字段列表"对话框中反复把报表需要的相关字段拖动到报表的对应节中的适当位置，从而创建绑定型控件。也可以在"报表设计工具/设计"选项卡"控件"组中选择某控件，然后单击该报表节中的适当位置来添加控件。

5.2.6 导出报表

与 Access 早期版本不同，在 Access 2016 中，不能将报表导出为快照文件。但是 Access 2016 提供了将报表导出为 PDF 和 XPS 文件的功能，以保留原始报表的布局和格式设置。用户可以在脱离 Access 环境的情况下，打开扩展名为 .pdf 或 .xps 的文件来查看该报表。

此外，在 Access 2016 中，还可以将报表导出为 Excel 文件、文本文件、XML 文件、Word(.rtf)文件、HTML 文档等。

将报表导出为 PDF 文件(扩展名为 .pdf)的操作步骤如下。

① 打开某个数据库，单击导航窗格上的报表对象，展开报表对象列表。

② 选择报表对象列表中要导出的报表名称。

③ 选择"外部数据"选项卡"导出"组中的"PDF 或 XPS"命令。

④ 在弹出的"发布为 PDF 或 XPS"对话框中，指定文件存放的位置、文件名，选择保存类型为"PDF(* .pdf)"。

⑤ 单击"发布"按钮。

5.3 编辑报表

在设计视图中从无到有创建和设计报表工作量很大，可以先采用自动创建方式或向导方式创建一张具有基本结构的报表，再自定义所创建的报表来满足个性化的需要。

创建报表之后，可在设计视图中对已创建的报表进行编辑和修改。

5.3.1 在报表中添加日期和时间

在设计视图中给报表添加日期和时间：选择"报表设计工具/设计"选项卡"页眉/页脚"组中的"日期和时间"命令，在弹出的"日期和时间"对话框中进行设置即可，如图 5-24 所示。此外，也可以在报表上添加一个文本框，通过设置其"控件来源"属性值为日期或时间的计算表达式来显示日期或时间，如"=Date()"或"=Time()"，该控件位置可以安排在报表的任何节上。

5.3.2 在报表中添加页码

在报表中添加页码，可以选择"报表设计工具/设计"选项卡"页眉/页脚"组中的"页码"命令，在弹出的"页码"对话框中进行格式、位置和对齐方式的设置，如图 5-25 所示。

其中对齐方式有下列可选项。

图 5-24 "日期和时间"对话框

左：在左页边距添加文本框。

居中：在左右页边距的正中添加文本框。

右：在右页边距添加文本框。

内：在左右页边距之间添加文本框，奇数页打印在左侧，偶数页打印在右侧。

外：在左右页边距之间添加文本框，偶数页打印在左侧，奇数页打印在右侧。

如果要在第一页显示页码，选中"首页显示页码"复选框即可。

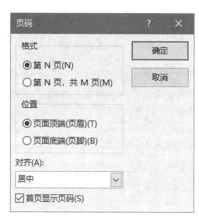

图 5-25 "页码"对话框

用表达式创建页码。Page 和 Pages 是内置变量，[Page]代表当前页号，[Pages]代表总页数。常用的页码格式如表 5-1 所示。

表 5-1 常用的页码格式

代 码	显示文本
="第"&[Page]&"页"	第 N(当前页)页
=[Page]"/"[Pages]	N/M(总页数)
="第"&[Page]&"页,共"&[Pages]&"页"	第 N 页,共 M 页

5.3.3 添加计算控件实现计算

在报表中添加计算控件，并指定该控件来源的表达式可以实现计算功能。在打开该报表的打印预览视图时，该计算控件文本框中将显示表达式的计算结果。

在报表中添加计算控件的基本方法如下。

① 切换到报表的设计视图。

② 选择"报表设计工具/设计"选项卡"控件"组中的"文本框"命令。

③ 单击报表设计视图中的某个节，即在该节中添加一个文本框。若要计算一组记录的总计值或平均值，将文本框添加到"组页眉"或"组页脚"节中。若要计算报表中的所有记录的总计值或平均值，将文本框添加到"报表页眉"或"报表页脚"节中。

④ 双击该文本框，弹出"属性表"对话框。

⑤ 在"控件来源"属性文本框中输入以等号"="开头的表达式，如"=Avg([年龄])""=Sum([工资])""=Count([医生编号])""=Year(Now())-Year([工作时间])""=Date()""=Now()"等。在表达式中经常会用到函数进行计算，表5-2列出了报表中常用的函数。在报表的"设计视图"中，单击一次"文本框"控件，再单击一次该控件，进入"文本框"控件的文本编辑状态，此时，可以在文本框中直接输入以等号"="开头的表达式。

表5-2 报表中常用的函数

函 数	功 能
Avg	在指定的范围内，计算指定字段的平均值
Count	计算指定范围内的记录数
First	返回指定范围内多条记录中的第一条记录指定的字段值
Last	返回指定范围内多条记录中的最后一条记录指定的字段值
Max	返回指定范围内多条记录中的最大值
Min	返回指定范围内多条记录中的最小值
Sum	计算指定范围内多条记录指定字段值的和
Date	当前日期
Now	当前日期和时间
Time	当前时间
Year	当前年

5.4 报表排序和分组

为了使设计的报表更符合用户的需求，可以对报表进行进一步的设计，如对记录排序、分组计算等进行设置。

5.4.1 报表排序

使用"报表向导"命令创建报表的过程中，在图5-10所示的"报表向导"对话框中设置字段排序时，最多只可以设置4个排序字段。在报表的设计视图中，则可以设置超过4个字段或表达式来对记录排序

在报表的设计视图中，设置报表记录排序的一般操作方法如下。

① 切换到报表的设计视图。

② 选择"报表设计工具/设计"选项卡"分组和汇总"组中的"分组和排序"命令，在设计视图下方弹出"分组、排序和汇总"对话框，并在该对话框中显示"添加组"和"添加排序"按钮，如图5-26所示。

③ 单击"添加排序"按钮，在打开的窗格上部字段列表中选择排序依据字段，如图5-27

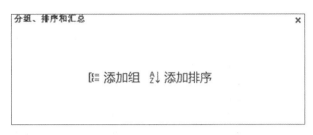

图 5-26 "分组、排序和汇总"对话框

所示。或者在窗格下部选择"表达式"选项，打开表达式生成器，输入以等号"="开头的表达式。Access 默认按"升序"排序，若要改变排序次序，可单击"升序"按钮右侧的下拉按钮，在弹出的下拉列表中选择"降序"。第一行的字段或表达式具有最高排序优先级，第二行有次高的优先级，以此类推。

图 5-27 指定排序字段

5.4.2 报表分组

在报表中，可以对记录按指定的规则分组，以显示各组的汇总信息。分组中的信息放置在报表设计视图中的"组页眉"节和"组页脚"节中。

在报表的设计视图中，设置报表记录分组的一般操作方法如下。

① 在报表设计视图中，选择"报表设计工具/设计"选项卡"分组和汇总"组中的"分组和排序"命令，弹出"分组、排序和汇总"对话框，如图 5-28 所示。

② 单击"添加组"按钮，在弹出的对话框上部的字段列表中选择分组形式字段，或者在对话框下部选择"表达式"选项，打开表达式生成器，输入以等号"="开头的表达式。

③ 展开分组形式栏，对该分组设置其他属性。

设置有无页眉节、有无页脚节，以创建分组级别，设置为"有页眉节"后将出现"组页眉"节，设置为"有页脚节"后将出现"组页脚"节。图 5-29 所示为以"医生职称"字段作为分组字段，分组信息显示在"组页眉"节和"组页脚"节。

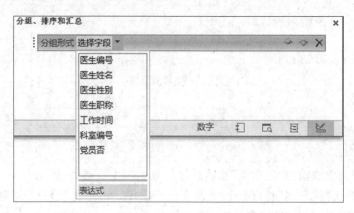

图 5-28　指定分组字段

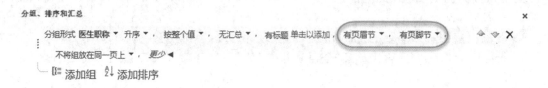

图 5-29　创建分组级别

接下来设置汇总方式和类型，以指定按哪个字段进行汇总，如何对字段进行统计计算。图 5-30 所示为按"医生编号"字段进行汇总，汇总方式为"值计数"。

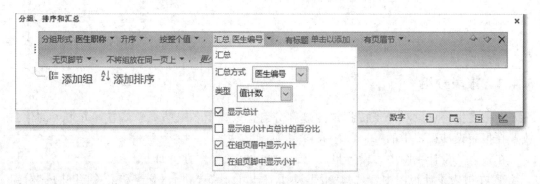

图 5-30　指定汇总字段和选定汇总方式

指定 Access 在同一页中是打印组的所有内容，还是仅打印部分内容，如图 5-31 所示。

图 5-31　打印组设置

第 6 章　宏设计

学习目标

❖　了解 Access 宏的概念、功能和分类。
❖　掌握宏的创建方法，宏的条件设置、操作参数设置。
❖　掌握宏的运行与调试。
❖　了解宏与 Visual Basic 的关系和转换方法。

宏操作，简称"宏"，是 Access 数据库中的一个对象，可以将前面介绍的 4 种基本对象——表、查询、窗体和报表有机结合起来，成为一个性能完善、操作简便的系统。宏是一种简化操作的工具，利用几个简单的宏操作就可以对数据库完成一系列操作，中间过程完全是自动的。本章主要介绍宏的功能，宏的创建和编辑，以及宏的运行与调试。

6.1　宏的基本概念

6.1.1　宏的功能

宏是由一个或多个宏操作组成的集合，其中每个宏操作均能够实现特定的功能。对于一般用户来说，使用宏是一种比较简便的方法，不需要编程，也不需要记忆各种语法，宏能够自动执行某一项重复的或者复杂的任务，从而节省了执行任务的时间，提高了工作效率。

宏的基本功能如下。

① 用户界面管理：窗口菜单、工具栏的显示和隐藏。

② 窗口管理：窗口大小、位置的调整和窗口移动等。

③ 数据库对象操作：以编辑或只读模式打开或关闭表、查询、窗体和报表。

④ 打印管理：执行报表的预览和打印操作，以及报表中数据的发送。

⑤ 窗口对象操作：设置窗体或报表中控件的各种属性及值等。

⑥ 数据操作：执行查询操作，以及数据的过滤、查找和保存。

⑦ 数据库内外部数据交换：数据导入和导出等。

在 Access 中，有几十种基本的宏操作命令，主要分为 8 类：窗口管理、宏命令、筛选/查询/搜索、数据导入/导出、数据库对象、数据输入操作、系统命令和用户界面命令。主要的宏操作命令可参阅附录 B。

6.1.2　宏的类型

在 Access 2016 中，如果按照宏创建时打开宏设计视图的方法来分类，宏又分为独立宏、嵌入宏和数据宏。

（1）独立宏：最基本的宏类型

宏可以由一系列宏操作组成，也可以由若干个子宏组成，每一个子宏都有自己的宏名并且又可以由一系列宏操作组成。在数据处理过程中，如果只是希望满足指定条件才执行宏的一个或多个操作，则可以创建条件宏。

对于独立宏，每一个独立宏都有宏名，并在导航窗格的"宏"对象列表中列出。如果该宏含有子宏，那么该宏中的每一个子宏都有子宏名。

（2）嵌入宏：嵌入控件事件属性中的宏

与独立宏相反，嵌入宏嵌入在窗体、报表和控件对象的事件中，不用编写代码。嵌入宏是它们所嵌入的对象或控件的一部分，且嵌入宏在导航窗格中是不可见的。嵌入宏的出现使宏的功能更加强大和安全。

（3）数据宏：建立在数据表对象上的宏

数据宏允许宏在表事件（如添加、更新和删除数据等）中自动运行。

有两种类型的数据宏：一种是由表事件触发的数据宏（也称"事件驱动的"数据宏），另一种是为响应按名称调用而运行的数据宏（也称"已命名的"数据宏）。

6.1.3　宏的设计界面

打开 Access 2016，选择"创建"选项卡"宏与代码"组中的"宏"命令，切换到宏设计视图，如图 6-1 所示。

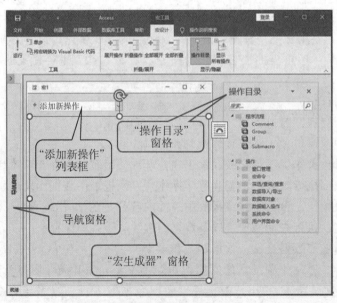

图 6-1　宏设计视图

在进行宏设计过程中，添加操作时可以在"添加新操作"列表框中选择相应的操作，也可以在"操作目录"窗格中双击或者拖动相应操作。与宏设计视图相关的是宏设计工具栏，选择"宏工具/宏设计"选项卡即可展开宏设计工具栏，如图 6-2 所示。

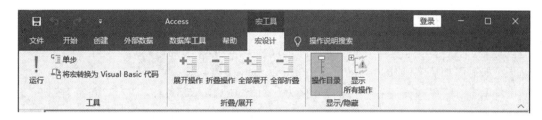

图 6-2　宏设计工具栏

Access 2016 的宏设计以程序流程设计为主，因此工具栏中主要与宏流程语句块的折叠与展开操作有关。工具栏中主要按钮的功能如表 6-1 所示。

表 6-1　宏设计工具栏主要按钮的功能

名称	功能
运行	执行当前宏
单步	单步运行，一次执行一条宏命令
将宏转换为 Visual Basic 代码	将当前宏转换为 VisualBasic 代码
展开操作	展开宏设计器所选的宏操作
折叠操作	折叠宏设计器所选的宏操作
全部展开	展开宏设计器全部的宏操作
全部折叠	折叠宏设计器全部的宏操作
操作目录	显示或隐藏宏设计器的操作目录
显示所有操作	显示或隐藏"操作"列表中的所有操作，或者尚未受信任的数据库中允许的操作

6.2　创建宏

创建宏的过程主要包括指定宏名、添加操作、设置参数及提供注释说明信息等。创建宏以后，可以选择多种方式来运行和调试宏。

下面分别介绍各种类型的宏的创建方法。

6.2.1　创建操作序列的独立宏

操作序列的独立宏即一个宏中有多条宏操作命令，运行宏时按先后次序顺序执行。

创建操作序列的独立宏，其操作方法如下。

① 选择"创建"选项卡"宏与代码"组中的"宏"命令，切换到宏设计视图。

② 在"添加新操作"列表框中选择某个操作，也可以从右侧的"操作目录"窗格中双击或者拖动操作实现宏的添加操作。

③ 选择一个操作，然后根据需要添加所需参数，将鼠标指针移动到参数上。可以查看每个参数的说明，如果有多个参数，则可以从下拉列表中选择参数。

④ 如需添加更多操作，可以重复上述步骤②和步骤③。

⑤ 单击"保存"按钮，在弹出的"另存为"对话框中输入宏名称，单击"确定"按钮，保存该宏。

⑥ 单击工具栏中的"运行"按钮运行宏，有关更多运行宏的方法将在 6.4.1 节中讲解。

在宏的设计过程中，可以拖动导航窗格中的数据库对象到"宏生成器"窗格中创建宏操作。例如，将表、查询、窗体、报表或模块拖动到"宏生成器"窗格中，Access 就会添加一个打开该表、查询、窗体、报表的操作。如果将另一个宏拖动到宏窗格中，Access 就会添加一个运行该宏的操作。

【例 6-1】 创建一个操作序列的独立宏，该宏包含一条注释和 3 条操作命令。其中，注释的内容是"创建操作序列的独立宏"，第 1 条操作命令"OpenForm"是打开名为"医生基本信息管理"的窗体，第 2 条操作命令"MaximizeWindow"自动将打开的窗体最大化，第 3 条操作命令"MessageBox"显示含有"欢迎使用"消息的消息框。宏名为"创建操作序列的独立宏"。

其操作方法如下。

① 打开"医院管理.accdb"数据库，选择"创建"选项卡"宏与代码"组中的"宏"命令，切换到宏设计视图。

② 单击"添加新操作"列表框右侧的下拉按钮，在弹出的下拉列表中选择"Comment"选项，打开"注释设计"窗格，该窗格自动成为当前窗格并由一个矩形框围住，在"注释设计"窗格中输入"创建操作序列的独立宏"。

③ 单击"添加新操作"列表框右侧的下拉按钮，在弹出的下拉列表中选择"OpenForm"选项，展开"OpenForm 设计"窗格，设置窗体名称后，在"窗体名称"下拉列表中选择"医生基本信息管理"窗体。

④ 单击"添加新操作"列表框右侧的下拉按钮，在弹出的下拉列表中选择"Maximize-Window"选项。

⑤ 单击"添加新操作"列表框右侧的下拉按钮，在弹出的下拉列表中选择"Message-Box"选项，展开"MessageBox 设计"窗格，设置消息参数，在"消息"文本框中输入"欢迎使用"。设置的效果如图 6-3 所示。

⑥ 保存并运行该宏，可以看到该宏按照先后次序顺序执行。

图 6-3 "创建操作序列的独立宏"设计视图

6.2.2 创建含子宏的独立宏

一个宏不仅可以包含若干个宏操作，还可以包含若干个子宏，而每一个子宏又可以包含若干个宏操作。每个宏都有其宏名，每一个子宏都有其子宏名。宏中的每个子宏单独运行，互相没有关联。

创建子宏时需要选择"Submacro"宏操作命令，并且需要对子宏命名，在子宏中至少要添加一个宏操作，多个子宏的集合构成一个宏，保存该宏时需要输入一个宏名。引用宏中的子宏的格式为"宏名·子宏名"。例如，若要引用"医生信息"宏中的"医生职称"子宏，可以输入"医生信息·医生职称"。

【例 6-2】 创建宏"含子宏的独立宏"，该宏中包含 2 个子宏。第 1 个子宏"查询子宏"包含 2 个操作，即打开"各科室医生信息"查询并使该查询窗口最大化；第 2 个子宏"窗体子宏"包含 2 个操作，即打开"医生基本信息管理"窗体并发出"嘟"声。

其操作方法如下。

① 打开"医院管理·accdb"数据库，选择"创建"选项卡"宏与代码"组中的"宏"命令，切换到宏设计视图。

② 添加第 1 个子宏。单击"添加新操作"列表框右侧的下拉按钮，在弹出的下拉列表中选择"Submacro"选项，展开"子宏设计"窗格，在 End Submacro 处表示第 1 个子宏结束。在 Sub1 占位符所在的文本框中输入该子宏的宏名"查询子宏"。

③ 设置第 1 个子宏。单击该子宏内的"添加新操作"列表框右侧的下拉按钮，在弹出

的下拉列表中选择"OpenQuery"选项，设置查询名称，在"查询名称"下拉列表中选择"各科室医生信息"查询。添加"MaximizeWindow"宏操作，使其查询窗口最大化。

④ 添加第2个子宏。在 End Submacro 的下方单击"添加新操作"列表框右侧的下拉按钮，在弹出的下拉列表中选择"Submacro"选项，展开"子宏设计"窗格，在第 2 个 End Submacro 处表示第 2 个子宏结束。在 Sub2 占位符所在的文本框中输入该子宏的宏名"窗体子宏"。

⑤ 设置第2个子宏。单击第2个子宏内的"添加新操作"列表框右侧的下拉按钮，在弹出的下拉列表中选择"OpenForm"选项，设置窗体名称，在"窗体名称"下拉列表中选择"医生基本信息管理"窗体。添加 Beep 宏操作，使其发出"嘟"声。"含子宏的独立宏"设计视图如图 6-4 所示。

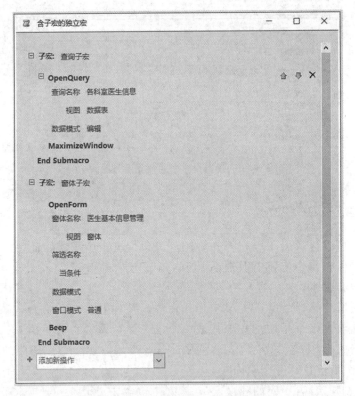

图 6-4 "含子宏的独立宏"设计视图

⑥ 保存并运行该宏。

提示：

在此例中，如果直接单击"运行"按钮，只会运行子宏 1"查询子宏"。如果要运行每一个子宏，可在窗体设计视图中分别设计两个按钮，通过这两个按钮的单击事件分别触发两个子宏的运行。

【例 6-3】 创建一个"调用子宏"窗体，在窗体中设计 2 个按钮分别调用例 6-2 中的 2 个子宏"查询子宏"和"窗体子宏"。

其操作方法如下。

① 打开"医院管理.accdb"数据库，选择"创建"选项卡"窗体"组中的"窗体设计"命令，切换到窗体设计视图。

② 选择"窗体设计工具/设计"选项卡"控件"组中的"按钮"命令，在窗体设计视图中单击，弹出"命令按钮向导"对话框，这里单击"取消"按钮关闭该对话框。选中刚创建的按钮，选择"窗体设计工具/设计"选项卡"工具"组中的"属性表"命令，弹出"属性表"对话框，在"全部"选项卡中修改该按钮的"标题"为"打开查询"；用同样的方法添加"打开窗体"按钮，效果如图 6-5 所示。

图 6-5　设计窗体中的 2 个按钮

③ 设置 2 个按钮分别调用 2 个子宏。将"调用子宏"窗体视图切换到设计视图，单击"打开查询"按钮，选择"窗体设计工具/表单设计"选项卡"工具"组中的"属性表"命令，弹出"属性表"对话框，在"事件"选项卡"单击"事件下拉列表中选择子宏"含子宏的独立宏.查询子宏"，如图 6-6 所示。用同样的方法设置"打开窗体"按钮调用"含子宏的独立宏.窗体子宏"。

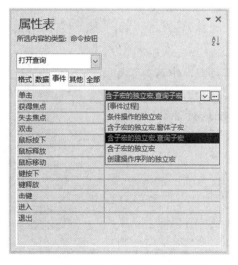

图 6-6　在"属性表"对话框中调用子宏

④ 查看效果。将"调用子宏"窗体切换到窗体视图，单击"打开查询"按钮，运行第 1 个子宏"查询子宏"；单击"打开窗体"按钮，运行第 2 个子宏"窗体子宏"。

6.2.3 创建含有条件操作的独立宏

在某些情况下，我们可能希望当一些特定条件为"真"时才在宏中执行一个或多个操作。在这种情况下，可以使用条件来控制宏的流程。

条件必须是逻辑表达式。宏将根据条件结果的"真"或"假"而沿着不同的路径执行。运行该宏时，Access 将求出第一个条件表达式的结果，如果这个结果为"真"，则 Access 将执行 Then 后设置的所有操作；如果这个结果为"假"，则 Access 会忽略 Then 后设置的所有操作(如果添加了 Else，则执行 Else 后设置的所有操作；如果添加了"Else If"，则判定 Else If 后的条件表达式结果是否为"真"，选择执行 Then 还是 Else 后的操作)。

有时需要根据窗体或报表上的控件值来设定条件，需要对窗体或报表上控件的值进行引用，引用语法如下：

> Forms！[窗体名]！[控件名]或[Forms]！[窗体名]！[控件名]
>
> Reports！[报表名]！[控件名]或[Reports]！[报表名]]！[控件名]

【例 6-4】 创建含有条件操作的独立宏"工作日备份"，实现在工作日(周一至周五)能调用执行例 6-1 的"创建操作序列的独立宏"，否则弹出对话框提示"非工作日不能执行备份！"。

其操作方法如下。

① 打开"医院管理．accdb"数据库，选择"创建"选项卡"宏与代码"组中的"宏"命令，切换到宏设计视图，在"添加新操作"列表框中选择"If"操作。

② 在"IF"操作的条件表达式中输入"Weekday(Date())Between 2 And 6"，该条件先用 Date 函数返回当前系统日期，再用 Weekday 函数返回星期几，在"Then"后面的"添加新操作"列表框中选择"RunMacro"操作，在"RunMacro"操作的"宏名称"下拉列表中选择"创建操作序列的独立宏"，其他参数不用设置。

③ 在右下方单击"添加 Else"按钮，在"Else"下方的"添加新操作"列表框中选择"MessageBox"操作，在"MessageBox"操作的"消息"文本框中输入"非工作日不能执行备份！"。在宏设计视图中的设置效果如图 6-7 所示。

④ 设置该条件宏名为"工作日备份"并保存、运行该宏。

提示：Weekday 函数返回 1~7 的整数，但是返回值为 1 表示星期日，2 表示星期一，以此类推，因此"Between 2 And 6"表示星期一到星期五。

图 6-7 "工作日备份"独立宏的设计视图

6.2.4 创建嵌入宏

前面介绍的3种宏都有宏名,有的宏可以直接运行,有的宏需要通过按钮单击事件触发运行。嵌入宏只和窗体或报表特定对象的事件关联,宏代码存储在事件属性中,并且是其所属对象的一部分。每个嵌入的宏都是独立的,只能被窗体或报表中所属的对象使用,并且嵌入宏在导航窗格中是不可见的,只能通过对象的属性表进行设计、编辑和修改。

【例6-5】 在"医院管理"窗体中,通过嵌入宏实现单击"医生基本信息"按钮打开"医生基本信息管理"窗体的功能。

其操作方法如下。

① 在"医院管理.accdb"数据库中,以设计视图方式打开"医院信息管理"窗体,单击"医生基本信息"按钮,单击"窗体设计工具/设计"选项卡"工具"组中的"属性表"命令,弹出"属性表"对话框,如图6-8所示。

② 在"属性表"对话框中选择"事件"选项卡,然后单击"单击"事件的"选择生成器"按钮,弹出"选择生成器"对话框,如图6-9所示。

图6-8 "属性表"对话框

图6-9 "选择生成器"对话框

③ 选择"宏生成器"选项并单击"确定"按钮以显示宏设计窗口。

④ 向宏中添加"OpenForm"操作,然后在"窗体名称"下拉列表中选择"医生基本信息管理"窗体,如图6-10所示。

⑤ 关闭嵌入的宏,并在提示保存更改并更新属性时单击"是"按钮。此时,"医生基本信息"按钮的单击事件属性显示"[嵌入的宏]"。

⑥ 将"医院信息管理"窗体从设计视图切换到窗体视图,单击"医生基本信息"按钮,弹出"医生基本信息管理"窗体。

使用同样的方法,也可以将"医院信息管理"窗体中的其他按钮与相应的窗体关联起来。

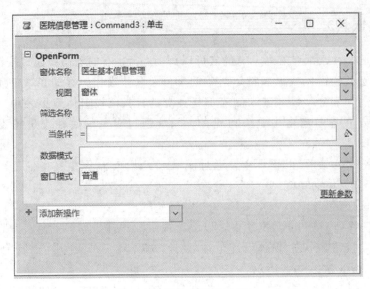

图 6-10 嵌入式宏设计窗口

相比于使用其他的宏，使用嵌入宏有一些优势。如果复制包含嵌入宏的按钮并将它粘贴到另一个窗体上，嵌入的宏会随之一起移动，而不必通过单独的操作来复制并粘贴代码。同理，如果在同一个窗体上剪切并粘贴按钮，也不必将代码重新附加到按钮。

6.2.5 创建数据宏

数据宏是附加到表的逻辑，用于在表级别实施特定的业务规则。在某些方面，数据宏与有效性规则类似，只不过比有效性规则的功能更强大，有效性规则只能验证数据，而不能修改数据，而数据宏可以在表级别监控、管理和维护表数据的活动。

与数据宏相关联的事件有两类："前期"事件和"后期"事件。"前期"事件包括"更改前"和"删除前"；"后期"事件包括"插入后""更新后"和"删除后"，具体含义如下。

① "更改前"事件：将在用户、查询和 VBA 代码更改某个表中数据之前触发。

② "删除前"事件：可以验证与删除操作对应的条件，但不能阻止删除记录。

③ "插入后"事件：在一条新记录添加到数据库中时触发。

④ "更新后"事件：在控件或记录用更改过的数据更新之后触发。

⑤ "删除后"事件：在确认删除记录，并且记录实际上已经删除之后触发。

【例 6-6】 在"医院管理.accdb"数据库中，为"病人表"创建一个"更改前"的数据宏，用于限制输入的"病人年龄"字段的值不得超过 100。

其操作方法如下。

① 打开"医院管理.accdb"数据库，以设计视图的方式打开"病人表"，单击"病人年龄"字段，选择"表格工具/设计"选项卡"字段、记录和表格事件"组中的"创建数据宏"命令，在弹出的下拉列表中选择"更改前"选项，如图 6-11 所示，此时打开宏设计窗口。

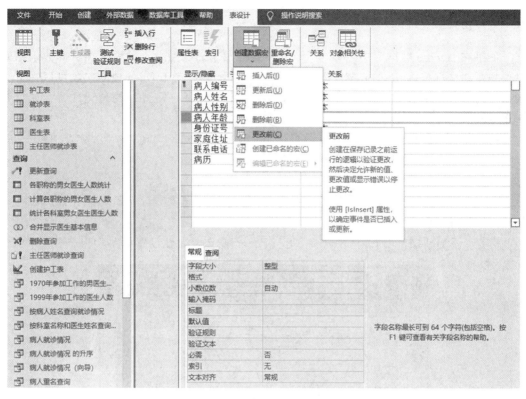

图 6-11 "创建数据宏"下拉列表

② 在宏设计窗口中添加宏操作命令"If"并设置相关参数,如图 6-12 所示,保存当前的宏设计窗口和"病人表"设计窗口。

③ 以"数据表视图"的方式打开"病人表",输入某个病人的"病人年龄"字段值为 110,单击"保存"按钮时,显示如图 6-13 的提示消息框。

图 6-12 "宏生成器"窗格中的宏代码

图 6-13 提示消息框

6.2.6 创建自运行宏

如果在 Access 数据库中创建了一个名为 AutoExec 的独立宏，那么在打开数据库时将首先自动执行该 AutoExec 宏中的所有操作。适当设计 AutoExec 独立宏，可以在打开数据库时执行一系列的操作，为运行该数据库应用系统做好需要的初始化准备，如打开应用系统的"登录"窗体等。

【例 6-7】 在"医院管理.accdb"数据库中设计自运行宏，实现启动"医院管理.accdb"数据库就显示"登录窗口"窗体。

其操作方法如下。

① 打开"医院管理.accdb"数据库，选择"创建"选项卡"宏与代码"组中的"宏"命令，切换到宏设计视图。

② 在"添加新操作"列表框中选择"OpenForm"操作，参数设置如图 6-14 所示。

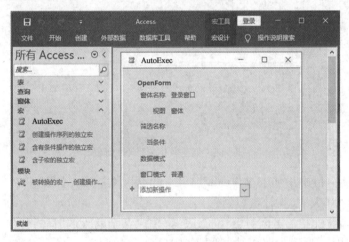

图 6-14 自动运行宏 AutoExec

③ 单击"保存"按钮，将宏名保存为 AutoExec。

④ 关闭"医院管理.accdb"数据库。

⑤ 重新打开"医院管理.accdb"数据库，即可看到 AutoExec 宏运行的结果，如图 6-15 所示。

图 6-15 AutoExec 运行结果

自运行宏是一种典型的独立宏，打开数据库时自运行宏会自动执行，不需要满足条件。虽然设置了自运行宏，但若要在打开数据库时取消自运行宏的执行，则可以在打开数据库的同时按住"Shift"键。

6.3　编辑宏

对已经创建好的宏，切换到宏的设计视图，可以对宏操作进行编辑。编辑宏操作包括：添加宏操作、删除宏操作、更改宏操作顺序、添加注释等。

6.3.1　添加宏操作

添加宏操作的操作方法如下。
① 切换到宏设计视图。
② 在"添加新操作"列表框中选择操作。
③ 设置参数。

6.3.2　删除宏操作

删除宏操作的操作方法如下。
① 切换到宏的设计视图。
② 选择需要删除的宏操作。
③ 单击右侧的"删除"按钮或者右击，在弹出的快捷菜单中选择"删除"命令；或者按"Delete"键。

6.3.3　更改宏操作顺序

更改宏操作顺序的操作方法如下。
① 切换到宏设计视图。
② 选择需要改变顺序的宏操作。
③ 单击右侧的"上移"或"下移"按钮；或者拖动宏操作；或者按"Ctrl＋↑"或"Ctrl＋↓"快捷键。

6.3.4　添加注释

添加注释的操作方法如下。
① 切换到宏设计视图。
② 打开"操作目录"窗格，把"Comment"操作拖动到"添加新操作"列表框中，或者在"添加新操作"列表框中选择"Comment"操作。

6.4 运行宏和调试宏

6.4.1 运行宏

宏有多种运行方式，可以直接运行某个宏，也可以通过响应窗体、报表及其控件的事件来运行宏。

1. 直接运行宏

直接运行宏的方法有以下 4 种。

① 在宏设计窗体中运行宏，单击工具栏上的"运行"按钮。

② 在导航窗格中执行宏，双击相应的宏名。

③ 使用"RunMacro"或"OnError"宏操作调用宏。

④ 在对象的"事件"属性中输入宏名称，宏将在该事件触发时运行。

2. 通过响应窗体、报表或控件的事件运行宏或事件过程

通常情况下，直接运行宏是在设计和调试宏的过程中进行，只是为了测试宏的正确性。在确保宏设计无误后，可以将宏附加到窗体、报表或控件中，以对事件做出响应，或创建一个执行宏的自定义菜单命令。

在 Access 中可以通过设置窗体、报表或控件上发生的事件来响应宏或事件过程。

其具体操作方法如下。

① 切换到窗体或报表的设计视图。

② 设置窗体、报表或控件的有关事件属性为宏的名称或事件过程。

③ 在打开窗体、报表后，如果发生相应事件，则会自动运行设置的宏或事件过程。

6.4.2 调试宏

Access 系统提供了"单步"执行的宏调试工具。使用单步跟踪执行，可以观察宏的流程和每个操作的结果，从中发现并排除问题或错误操作。

【例 6-8】 以例 6-1 中的"创建操作序列的独立宏"为例，调试宏。

其具体操作方法如下。

① 将例 6-1 的"创建操作序列的独立宏"切换到宏设计视图。

② 选择"宏工具/宏设计"选项卡"工具"组中的"单步"命令，使其处于起作用的状态；然后选择"宏工具/宏设计"选项卡"工具"组中的"运行"命令，弹出"单步执行宏"对话框，如图 6-16 所示。

③ 单击"单步执行"按钮，执行其中的操作。单击"停止所有宏"按钮，停止宏的执行并关闭对话框。单击"继续"按钮会关闭"单步执行宏"对话框，并执行宏的下一个操作命

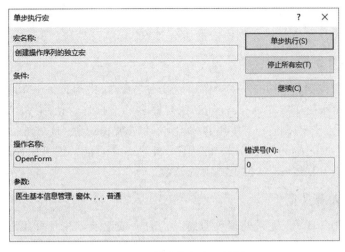

图 6-16　"单步执行宏"对话框

令。如果宏操作有误，则会弹出"操作失败"提示对话框。如果要在宏执行过程中暂停宏的执行，可按"Ctrl＋Break"快捷键。

6.5　宏与 Visual Basic

在 Access 中，由于宏可以自动执行任务的一个或一组操作，因此使用宏可以自动完成许多任务。

在 Access 中，要完成相同的任务还可以通过 VBA 编程来实现。VBA 是 Visual Basic 的一个子集。

6.5.1　宏与 VBA 编程

在 Access 应用中，使用宏还是 VBA 编写应用程序，取决于用户需要完成的任务。在 Access 2016 中，宏提供了处理许多编程任务的简单方法，如打开和关闭窗体，以及运行报表等。用户可以轻松快捷地绑定自己创建的数据库对象（如表、窗体、报表等），因为用户几乎不需要记住任何语法，并且每个操作的参数都显示在宏生成器中。

然而，对于下列情况，用户应该使用 VBA 编程而不是使用宏。

1. 使用内置函数或创建自己的函数

Access 中有许多内置函数，如 IPmt 函数，它可以计算应付利息。用户可以使用这些内置函数执行计算，而无须创建复杂的表达式。使用 VBA 代码，用户还可以创建自定义函数来执行超出表达式能力的计算或者替代复杂的表达式。此外，用户还可以在表达式中使用自己创建的函数向多个对象应用公共操作。

2. 创建或操纵对象

在大多数情况下，用户会发现在对象的设计视图中创建和修改对象最容易。不过，在某些情况下，用户可能希望在代码中操纵对象的定义。使用 VBA，除了可以操纵数据库本身以外，用户还可以操纵数据库中的所有对象。

3. 执行系统级操作

用户可以在宏内执行"RunApp"操作，以便在 Access 中运行另一个程序（如 Microsoft Excel），但用户无法使用宏在 Access 外部执行更多其他操作。使用 VBA，用户可以检查某个文件是否存在于计算机上，使用自动化或动态数据交换（Dynamic Data Exchange，DDE）与其他基于 Microsoft Windows 的程序（如 Excel）通信，还可以调用 Windows 动态链接库（Dynamic Link Library，DLL）中的函数。

4. 一次一条地操纵记录

用户可以使用 VBA 来逐条处理数据集，一次一条记录，并对每条记录执行操作。相反，宏将同时处理这个数据集。

6.5.2 将宏转换为 Visual Basic 程序代码

Microsoft Access 可以自动将宏转换为 Visual Basic 程序代码模块。这些模块用 Visual Basic 代码执行与宏等价的操作。

【例 6-9】 将名为"创建操作序列的独立宏"的宏转换为 Visual Basic 程序代码模块。其具体操作方法如下。

① 将例 6-1 中的"创建操作序列的独立宏"切换到宏设计视图。

② 选择"宏工具/宏设计"选项卡"工具"组中的"将宏转换为 Visual Basic 代码"命令，此时弹出"转换宏：创建操作序列的独立宏"对话框，如图 6-17 所示。

图 6-17 "转换宏：创建操作序列的独立宏"对话框

③ 单击该对话框中的"转换"按钮，Access 自动进行转换。

④ 转换完毕后，弹出"转换完毕！"提示对话框，如图 6-18 所示。单击该对话框中的

图 6-18 "转换完毕！"提示对话框

"确定"按钮，"创建操作序列的独立宏"被转换为 Visual Basic 代码，效果如图 6-19 所示。

图 6-19　转换为 Visual Basic 代码的效果

第7章 VBA程序设计基础

学习目标

❖ 掌握 VBA 模块的应用。

❖ 熟悉 VBA 的编程环境，VBA 程序设计的基础知识，VBA 的编程基础，VBA 的流程控制，VBA 过程调用和参数传递等。

❖ 了解通过 VBA 程序解决问题。

7.1 "模块"概述

在 Access 2016 中，通过宏操作可以实现一些基本功能操作，完成简单任务，但是在 Access 中要解决更复杂的问题，就需要使用 Access 数据库系统提供的"模块"对象了。

7.1.1 认识"模块"

"模块"是一个基于 VBA 语言编写的，由声明、语句、过程组成的执行单元，是 Access 数据库系统的一个基本对象。通过模块可以使用 VBA 语言解决一些复杂的问题。在 Access 中，模块有标准模块和类模块两种类型。

标准模块具有一定的独立性，一般用于放置一些公共过程和变量，供其他模块调用。标准模块中可以包括变量、常量、过程等。类模块是一种可以创建新对象的定义模块，窗体模块和报表模块都属于类模块。

7.1.2 创建管理模块

通过"创建"选项卡"宏与代码"组中的"模块""类模块"命令可以创建模块和类模块，同时打开 VBA 编程环境（VBA Programming Environment，VBE），如图 7-1 所示。在 VBE 中，可以通过"插入"选项卡中的"模块"命令来创建新的模块。对于创建的模块，可以在 Access 模块对象导航窗格中找到相应的对象，在设置视图中打开相应模块的 VBE。在 VBE 中可以使用"查看代码"命令打开相应的模块。对于不需要的模块，可以在 Access 模块对象导航窗格中找到并删除，也可以在 VBE 中使用"移除模块"命令来删除。

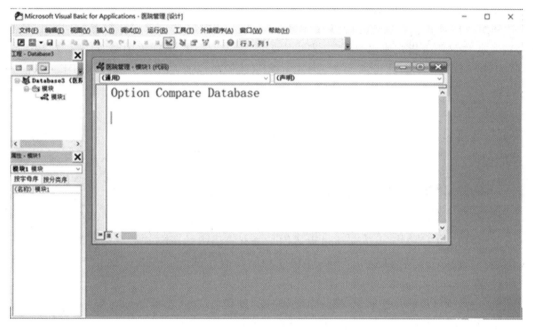

图 7-1　VBE

7.1.3　模块组成

模块是 VBA 代码构成的容器。一个模块一般由声明区域、过程或函数过程组成。

1. 声明区域

模块中可以有声明也可以有 Option 声明、变量、常量或自定数据类型声明。常见的 Option 声明有 Option Compare、Option Base、Option Explicit 等。

① Option Compare 声明格式为"Option Compare {Binary ｜ Text ｜ Database}"。如果模块不包括"Option Compare"语句，则默认文本比较方法为 Binary。

"Option Compare Binary"根据派生自字符的内部二进制表示形式的排序顺序进行字符串比较。

"Option Compare Text"根据系统的区域设置决定的不区分大小写的文本排序顺序进行字符串比较。

"Option Compare Database"根据字符串比较的数据库的区域设置决定的排序顺序进行字符串比较。

② Option Base 声明格式为"Option Base{0｜1}"。Option Base 用于数组默认下限设置，如果模块不包括"Option Base"语句，则默认为 0。

③ "Option Explicit"声明格式为"Option Explicit"。该声明使用后，所有的变量必须使用 Dim 等语句进行显式声明。

2. Sub 过程

Sub 过程又称子过程，是由 Sub 和 End Sub 定义的一系列子语句，这些语句执行相应操作但不返回值。Sub 过程又分为无参数过程和带参数过程。无参数过程的 Sub 语句包括一组空括号。带参数过程的参数在 Sub 后的括号中定义，定义函数参数时可以使用 ByVal 或 ByRef 来指定参数传递方式，如果不指定，则默认参数的传递方式为 ByRef。ByVal 表示以传值的方式传递参数，ByRef 表示以传地址的方式传递参数。调用过程时通过常量、变量或表达式传递实际参数。

Sub 过程定义格式如下。

```
[Public|Private][Static]Sub 子过程名([<形参>])
    [<子过程语句>]
    [Exit Sub]
    <子过程语句>
End Sub
```

使用"Public"关键字可以使该过程适用于所有模块中的所有其他过程；使用"Private"关键字可以使该子过程只适用于同一个模块中的其他过程；使用"Exit Sub"语句可以强制退出过程。

Sub 过程可以通过"过程名 实际参数表"或"过程名 形式参数名：＝实际参数值"格式语句进行调用，这种调用方式也可以在过程名前加 Call。也可以通过"Call 子过程名(实际参数表)"或"Call 子过程名(形式参数名：＝实际参数值)"语句来调用子过程。

3. Function 过程

Function 过程又称函数过程，与 Sub 过程类似，但 Function 过程可以有返回值。
Function 过程定义格式如下。

```
[Public | Private][Static]Function 函数过程名[<形参>][As 数据类型]
    [<函数过程语句>]
    [函数过程语句＝<表达式>]
    [Exit Function]
    [<函数过程语句>
    [函数过程语句＝<表达式>]
End Function
```

需要使用函数返回值的过程不能使用 Call 来调用执行，只能直接引用带括号的函数过程名。

7.2 VBA 程序设计基础

VBA 是编程语言 Visual Basic 的子集，是根据 Visual Basic 简化的宏语言，其语法与 Visual Basic 基本相同。与 Visual Basic 不同的是，VBA 不是一个独立的开发工具，被嵌入 Word、Excel、Access 等软件中实现其中的程序开发功能。

7.2.1　VBA 数据类型

VBA 的数据类型分为标准数据类型和自定义数据类型两类。标准数据类型由系统提供，自定义数据类型则是由用户根据需要进行的标准数据类型组合。不同的数据类型有不同的操作方式和取值范围。VBA 的标准数据类型如表 7-1 所示。

表 7-1　VBA 标准数据类型

类型名称	关键字	类型符	取值范围
字节型	Byte		0～255
整型	Integer	%	−32768～32767
长整形	Long	&	−2147483648～2147483647
单精度型	Single	!	负数：−3.402823E38～−1.401298E−45 正数：1.401298E−45～3.402823E38
双精度型	Double	#	负数：−1.79769313486231308～−4.94065645841247E−324 正数：4.94066545841247E−324～1.79769313486232E308
货币型	Currency		−922337203685477.5808～922337203685477.5807
布尔型	Boolean		True 或 False
字符型	String	$	
日期型	Date		100 年 1 月 1 日～9999 年 12 月 31 日
变体型	Variant		

1. 字节型

字节型(Byte)数据为一个不带符号的 8 位(1 字节)数字，值范围为 0～255。

2. 整型

整型(Integer)数据为 16 位(2 字节)数字，值范围为−32768～32767。

3. 长整型

长整型(Long)数据为带符号的 32 位(4 字节)数字，值范围从−2147483648～2147483647。

4. 单精度型

单精度型(Single)数据为 32 位(4 字节)浮点数，值范围如下。

负值：−3.402823E38～−1.401298E−45。

正值：1.401298E−45～3.402823E38。

5. 双精度型

双精度型(Double)数据为 64 位(8 字节)浮点数，值范围如下。

负值：−1.79769313486231E308～−4.94065645841247E−324。

正值：4.94065645841247E−324～1.79769313486232E308。

6. 货币型

货币型（Currency）数据为整数格式的 64 位（8 字节）数字，提供小数点左侧 15 位、右侧 4 位的定点数字。

值范围为−922337203685477.5808～922337203685477.5807。

7. 布尔型

布尔型（Boolean）数据只有两个取值 True 或 False。布尔型数据转换为其他类型数据时，Ture 转换为−1，False 转换为 0；其他类型数据转换为布尔型数据时，0 转换为 False，其他类型转换为 Ture。

8. 字符型

字符型（String）数据也称字符串，是一个由英文双引号引起来不包括双引号和回车符的字符串。字符串中字符的个数称为字符串的长度。

9. 日期型

日期型（Date）数据是一个由"♯"括起来的符合日期格式要求的日期数据。日期之间的分隔符有"/""−"".",日期与时间之间的分隔符为空格，时间之间的分隔符为":"。

10. 变体型

变体型（Variant）是特殊的数据类型。VBA 中规定，如果没有显示声明或使用符号来定义变量的数据类型，则默认为变体类型。变体型数据除定长字符串和用户自定义数据类型外，可以包含其他任何类型的数据。

11. 用户自定义类型

用户可以根据需要自定义数据类型。定义数据类型可以使用"Type…End Type"关键字定义，定义格式如下。

```
Type［数据类型名］
    ＜域名＞As＜数据类型＞
    ＜域名＞As＜数据类型＞
    …
End Type
```

7.2.2 VBA 变量和常量

1. 常量

常量指在程序运行期间值不变的数据。在 VBA 中常量有直接常量、符号常量、系统内部常量。

（1）直接常量

直接常量指直接以字面形式出现在代码中的常量。举例如下。

整型常量：99、358。

字符型常量："abcdefg""this is my bag"。

日期型常量：♯2019-9-12♯。

（2）符号常量

符号化的常量，VBA中使用关键字"Const"来定义，其格式为"Const 常量名＝常量值"。例如。

```
Const PI＝3.1415926
```

定义了以后在代码中就可以在用到圆周率时使用PI来代替。

（3）系统内部常量

系统内部常量是Access系统内部预定义的一些符号常量，如True、False、On、Off、Null、acForm、adAddNew等。

2. 变量

变量是在程序运行期间值可以改变的量，即一段可以修改内容的内存空间。变量有变量名、变量数据类型、变量值3个要素。通过变量名引用变量的值，变量的数据类型决定了内存空间的大小及使用方式。

（1）变量名的命名

变量名的命名规则：变量名必须以字母开头，包括字母、数字、下划线，不超过255个字符，不能使用VBA的保留字，如a、m123、t_1。

（2）变量的声明

VBA中的变量又分为显式变量和隐式变量。显式变量用Option Explicit规定声明后才能使用；隐式变量是VBA的默认方式，不必声明就可以直接使用，这种变量的数据类型为变体型。

显式变量的声明格式如下。

```
Dim    变量名  ［As   类型关键字］[,变量名  ［As   类型关键字]][…]
```

例如。

```
Dim a As Integer
Dim b As String,c As Long
```

（3）变量的作用域

一个变量由于声明的位置和方式不同，存在的时间（作用域）也会有所不同。VBA中变量的作用域有局部变量、模块变量和全局变量三种。局部变量指在模块的过程或函数内部声明的变量，作用范围是从声明它开始到声明它的过程或函数结束；模块变量指在模块的过程或函数之外声明的变量，作用范围是从声明它开始到声明它的模块的结束位置；全局变量指使用"Public"声明在模块的所有过程之外的变量，作用范围是所有模块。

在变量的实际使用过程中，要在过程的实例间保留局部变量的值，可以使用"Static"

关键字将变量定义为静态变量。

(4)数组变量

数组变量是按照规则包含一种数据类型的一组数据，简称数组。数组变量由数组变量名和数组下标构成，使用数组必须先声明数组。数组变量的声明使用 Dim 语句，格式如下。

Dim 数组名([<下标下限>to]<下标上限>) [As ＜数据类型＞]

默认情况下，下标下限为 0，数组元素从"数组名(0)"至"数组名(下标上限)"；如果使用 to 选项，则可以安排非 0 下限。

例如。

Dim fs(10)As Single

定义了 11 个小数构成的数组，数组元素为 fs(0)至 fs(10)

关于数组的定义，一般在定义数组时应给出数组的上界和下界。但也可以省略下标下界，下标下界默认为 0，若希望下标下界从 1 开始，可在模块的通用声明段使用"Option Base 1"语句声明。如果省略 As 子句，则数组的类型为变体型。

VBA 中可以定义多维数组变量，最高可以定义到 60 维。

7.2.3 VBA 数据库对象变量

在 Access 中建立的窗体、报表等对象及其属性在 VBA 中可以作为变量引用，引用格式如下。

窗体引用格式。

Forms! 窗体名! 控件名[. 属性名]
例如：
Forms! 医生资料! 医生姓名 . Value="华佗"
如果是在窗体内部引用，则"Forms! 窗体名"部位可以由 Me 代替。
Me! 医生姓名 . Value="华佗"

报表引用格式。

Reports! 报表名! 控件名[. 属性名]

上述引用格式中用到的"!"也可以使用"."代替。

7.2.4 运算符和表达式

1. 算术运算符

算术运算符用于算术运算，如表 7-2 所示。

表 7-2　算术运算符

运算符	名称	说明
＋	加	100＋97 结果为 197
－	减	100－97 结果为 3
＊	乘	100＊97 结果为 9700
/	除	100/97 结果为 1.03092783505155
\	整除	100 \ 97 结果为 1
MOD	求模	100 MOD 97 结果为 3
ˆ	乘幂	100ˆ3 结果为 1000000

2. 关系运算符

关系运算符用于两个表达式值的比较，结果为 true 或 false，如表 7-3 所示。

表 7-3　关系运算符

运算符	名称	说明
＜	小于	100＜97 结果为 false
＜＝	小于等于	100＜＝97 结果为 false
＞	大于	100＞97 结果为 true
＞＝	大于等于	100＞＝97 结果为 true
＝	等于	100＝97 结果为 false；"abc"＝"ab"结果为 false
＜＞	不等于	100＜＞97 结果为 true；"abc"＜＞"ab"结果为 true

3. 逻辑运算符

逻辑运算符用于对两个逻辑结果进行逻辑运算，逻辑运算的结果仍然为逻辑值，如表 7-4 所示。

表 7-4　逻辑运算符

运算符	名称	说明
AND	与	两个逻辑值为 true 结果为 true，否则结果为 false
OR	或	两个逻辑值为 false 结果为 false，否则结果为 true
NOT	非	true 非的结果为 false，false 非的结果为 true

4. 字符运算符

字符运算符用于将两个字符串连接起来，可以使用"＆"或"＋"。它们之间的区别在于，"＆"运算符实现无论要连接的两个操作数是字符、数字还是日期都进行原值连接，而"＋"只能实现字符串的连接。

5. 表达式

将常量、变量或函数用运算符连接起来的可以进行计算的式子称为表达式。表达式运算后的最终结果称为表达式的值。

例如，数字表达式

$$x = \frac{-b \pm \sqrt{b^2 - 4ac}}{2a}$$

的 VBA 表达式为

$$(-b - sqrt(b\char`^2 - 4 * a * c))/(2 * a) \text{ 和} (-b + sqrt(b\char`^2 - 4 * a * c))/(2 * a)$$

6. 运算符优先级

当一个表达式是一个多运算符组合的四则运算表达式时，VBA 规定了各运算符之间运算优先级，如表 7-5 所示。

表 7-5　运算符优先级

优先级	高 ──────────────────────────────────────► 低			
高	算术运算符	字符运算符	关系运算符	逻辑运算符
↑	^		=	NOT
	* 和 /		<>	AND
	\	& 和 +	<	OR
	MOD		>	
↓	+ 和 -		<=	
低			>=	

7.2.5　常用标准函数

在 VBA 中，系统提供了许多内置的标准函数，我们只要掌握各函数的功能和使用方法，就可以使用这些函数。

标准函数的一般使用格式如下。

函数名(参数表)

下面是部分 VBA 中的常用标准函数，如表 7-6～表 7-10 所示。

表 7-6　算术函数

函数	功能
Abs	求绝对值
Fix	求数字的整数部分（即小数部分完全截掉）
Int	将数字向下取整到最接近的整数

函数	功能
Round	按四舍五入规则保留小数
Rnd	返回一个 0~1 的随机数值
Sqr	求算术平方根
Sin	求弧度值的正弦值
Cos	求弧度值的余弦值

表7-7　字符函数

函数	功能
InStr	查询子串在字符串中的位置
Lcase	返回字符串的小写形式
Ucase	返回字符串的大写形式
Left	左截取字符串
Right	右截取字符串
Len	返回字符串长度
Ltrim	左截取空格
Rtrim	右截取空格
Trim	删除字符串前后的空格
Mid	截取子字符串

表7-8　日期时间函数

函数	功能
Date	返回系统日期
Time	返回系统时间
Now	返回系统日期时间
Year	取年份整数
Month	取月份整数
Day	取日整数
Weekday	返回星期几的整数(1~7)
DataAdd	按日期间隔类型增加和减去时间间隔
DataDiff	返回两个日期之间的间隔
DataSerial	返回由年月日组成的日期值

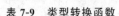

表 7-9　类型转换函数

函数	功能
Asc	返回字符串首字符的 ASCII 值
Chr	返回 ASCII 值对应的字符
Str	将数字转换为字符串
Val	将字符串转换为数字

表 7-10　输入输出函数

函数	功能
InputBox	通过对话框输入数据
MsgBox	以对话框形式输出信息

（1）InputBox 函数

其语法格式如下。

```
InputBox(prompt[,title ][,default ][,xpos ][,ypos ])
```

InputBox 函数中包含的参数说明如下。

prompt：必选项，字符串表达式在对话框中显示为消息。

title：可选项，在对话框标题栏中显示的字符串表达式。如果省略了 title，则标题栏中将显示应用程序名称。

default：可选项，在文本框中显示的字符串表达式，在未提供其他输入时作为默认响应。如果省略了 default，文本框将显示为空。

xpos：可选项，指定对话框左边缘与屏幕左边缘水平距离（以缇为单位）的数值表达式。如果省略了 xpos，对话框将水平居中。

ypos：可选项，指定对话框上边缘与屏幕顶部的垂直距离（以缇为单位）的数值表达式。如果省略了 ypos，对话框将位于屏幕垂直方向往下大约三分之一的位置。

（2）MsgBox 函数

其语法格式如下。

```
MsgBox(prompt)[buttons][,title ])
```

MsgBox 函数中包括的参数说明如下。

prompt：必选项，字符串表达式在对话框中显示为消息。

buttons：可选项，数值表达式，用于指定要显示按钮的数量和类型、要使用的图标样式、默认按钮的标识和消息框的形式的值之和。如果省略，则"buttons"参数的默认值为 0。"buttons"参数常用设置有 vbOKOnly——仅显示"确定"按钮；vbOKCancel——显示"确定"和"取消"按钮；vbYesNoCancel——显示"是""否"和"取消"按钮；vbYesNo——显示"是"和"否"按钮。

title：可选项，对话框标题栏中显示的字符串表达式。如果省略了 title，则标题栏中将显示应用程序名称。

7.3　VBA 流程控制

VBA 中每条语句都是完成某项操作的一条命令，若干条 VBA 语句组合在一起可以实现 VBA 程序的功能。VBA 程序语句按照其功能不同。又分成以下两大类型。

（1）声明语句

声明语句用于给变量、常量或过程定义命名。

（2）执行语句

执行语句用于执行赋值操作，调用过程，实现各种流程控制。执行语句分为以下 3 种结构。

① 顺序结构：按照语句顺序依次执行。

② 选择结构：又称为条件结构，根据条件选择执行语句。

③ 循环结构：按控制条件重复执行某一段语句。

7.3.1　编写规则

VBA 语句的主要编写规则如下。

① 一般一个语句占一行，如果一行要写多条语句，则多条语句之间使用英文冒号隔开。

② 当一条语句太长要多行书写时，可使用下划线进行续行。

③ 代码不区分大小写。

④ 使用 rem 或英文单引号可以实现语句注释。注释可以是一行，也可以是一行的后面部分。如果要使用 rem 注释一行的后面部分则要使用英文冒号进行分隔。

7.3.2　选择结构

1. if 语句

用 if 语句可以构成条件选择结构。它根据给定的条件进行判断，以决定执行哪个分支程序段。if 语句有以下 3 种基本形式。

第一种形式为基本形式，语法格式如下。

```
if 条件表达式 then
    语句块
end if
```

其语义是，如果条件表达式的值为真，则执行其后的语句块，否则不执行该语句块。其过程如图 7-2 所示。

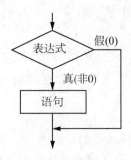

图 7-2　选择结构流程 1

【例 7-1】　求一个半径为 r 的圆的面积。

```
Subcircles()
    Dim r,s As Single
    r=InputBox("请输入圆的半径:")
    If r>0 Then
        s=3.14 * r^2
        MsgBox("半径为"&r&"的圆的面积为:"&s)
    End If
End Sub
```

第二种形式的语法格式如下。

```
if  条件表达式  then
    语句块 1
else
    语句块 2
end if
```

其语义是，如果表达式的值为真，则执行语句块 1，否则执行语句块 2。

其执行过程如图 7-3 所示。

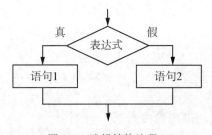

图 7-3　选择结构流程 2

【例 7-2】　求一个半径为 r 的圆的面积。

```
Subcircles()
    Dim r,s As Single
    r=InputBox("请输入圆的半径:")
```

```
If r>0 Then
    s=3.14 * r^2
    MsgBox("半径为"&r&"的圆的面积为:"&s)
Else
    MsgBox("半径为"&r&"的圆不存在")
End If
End Sub
```

第三种形式是多分支选择结构，其一般语法格式如下。

```
if 条件表达式1  then
        语句块1
elseif 条件表达式2 then
        语句块2
        …
[else
        语句块n]
end if
```

其语义是，依次判断条件表达式的值，当出现某个值为真时，则执行其对应的语句，然后跳到整个 if 语句之外继续执行程序；如果所有的表达式均为假，则执行语句 n，然后继续执行后续程序。

【例 7-3】 求一元二次方程 $x^2+2x+1=0$ 的解。

```
Public Subequation()
    a=1
    b=2
    c=1
    deta=b^2-4 * a * c
    If deta<0 Then
        MsgBox("此方程无实解")
    ElseIf deta=0 Then
        x1=-b/(2 * a)
        MsgBox("此方程有一个解 x="&x1)
    Else
        x1=(-b+Sqr(deta))/(2 * a)
        x2=(-b-Sqr(deta))/(2 * a)
        MsgBox("此方程有两个解 x1="&x1&",x2="&x2)
    End If
End Sub
```

2. Select Case 语句

虽然 if 语句可以实现多分支选择，但会使程序变得复杂，VBA 提供了"Select Case"语句使多分支选择更加清晰。"Select Case"语句格式如下。

```
Select Case 表达式
Case 表达式 1
    语句块 1
[Case 表达式 2 to 表达式 3
    语句块 2]
[Case is 关系表达式 4
    语句块 4]
[Case Else
    语句块 n]
End Select
```

其语句说明如下。

① "Select Case"后的变量或表达式只能是数值型或字符型表达式。

② 执行过程是先计算"Select Case"后的变量或表达式的值，然后从上至下逐个比较，决定执行哪一个语句块。如果有多个 Case 后的表达式列表与其相匹配，则只执行这个 Case 后的语句块。

③ 语句中的各个表达式列表应与"Select Case"后的变量或表达式同类型。各个表达式列表可以采用下面的形式。

- 表达式：如"fs＋5".
- 用英文逗号分隔的一组枚举表达式：如"1，7，9，30"。
- 表达式 1　To　表达式 2：如"40 to 60"。
- Is 关系运算符表达式：如"Is＞90"。

7.3.3 循环控制结构

循环控制结构也称重复控制结构，用于在程序执行时，控制语句中的一部分操作（即循环体）被重复执行多次。VBA 支持的循环语句结构有"For Next"语句、"Do While Loop"语句、"Do Until Loop"语句、"While Wend"语句。

1. For Next 循环语句

其语句格式如下。

```
For<循环变量>=<初值>to<终值>[Step　<步长>]
    <循环体>
    Exit For
        <语句块>
Next<循环变量>
```

该语句说明如下。

① 循环控制变量的类型必须是数值型。

② 步长可以是正数，也可以是负数。如果步长为 1，Step 短语可以省略。

③ 根据初值、终值和步长可以计算出循环的次数，因此 For Next 语句一般用于循环

次数已知的情况。

④ 使用"Exit For"语句可以提前退出循环。

【例 7-4】 编写程序用 For Next 语句求 $1+2+3+\cdots+10$ 之和。

```
Public Subgc()
    Dim s As Integer,i As Integer
    s=0
    For i=1 To 10 Step 1
        s=s+i
    Nexti
    Debug. Print s
End Sub
```

2. Do While Loop 循环语句

其语句格式如下。

```
Do While<条件表达式>
    循环体
    Exit Do
    语句块
Loop
```

该语句说明如下。

① 这里的条件可以是任何类型的表达式,非 0 为真,0 为假。

② 执行过程:在每次循环开始时测试条件,对于"Do While"语句,如果条件成立,则执行循环体的内容,然后回到"Do Whlie"处准备下一次循环;如果条件不成立,则退出循环。

③ "Exit Do"语句的作用是提前终止循环。

【例 7-5】 用"Do While Loop"语句求 $1+2+3\cdots+10$ 之和。

```
Public Subgc()
Dim s As Integer,i As Integer
s=0
i=1
Do Whilei<=10
    s=s+i
    i=i+1
Loop
Debug. Print s
End Sub
```

3. Do Until Loop 循环语句

其语句格式如下。

```
Do Until<条件>
    循环体
    Exit Do
    语句块
Loop
```

该语句说明如下。

① 这里的条件可以是任何类型的表达式，非 0 为真，0 为假。

② 执行过程：在每次循环开始时测试条件，对于"Do Until"语句，如果条件不成立，则执行循环体的内容，然后回到"Do Until"处准备下一次循环；如果条件成立，则退出循环。

③ "Exit Do"语句的作用是提前终止循环。

【例 7-6】 用"Do Until Loop"语句求 $1+2+3+\cdots+10$ 之和。

```
Public Subgc()
Dim s As Integer,i As Integer
s=0
i=1
Do Untili>10
  s=s+i
  i=i+1
Loop
Debug. Print s
End Sub
```

4. While Wend 循环语句

其语句格式如下。

```
While   条件式
        循环体
Wend
```

While Wend 循环与 Do While Loop 循环结构类似，但 While Wend 循环中不能使用"Exit Do"语句。

7.4   VBA 数据库编程

VBA 在程序代码中通过数据库引擎工具来实现对数据库的数据访问。在 VBA 语言中可以使用数据访问对象（Data AccessObject，DAO）和 Active 数据对象（ActiveX Data Object，ADO）两种接口实现对数据库的访问。

7.4.1 DAO 数据访问对象

1. DAO 模型

DAO 模型包含了一个复杂的可编程数据关联对象的层次。在程序设计时，可以通过设置各对象的属性和调用方法来实现对数据库的访问操作。DAO 模型常用的相关对象如表 7-11 所示。

表 7-11　DAO 模型常用相关对象

对象	说明
DBEngine	DAO 的最上层对象，包含 DAO 中的其余所有对象
Workspace	工作区对象。常用方法有 OpenDatabase 等
DataBase	要操作的数据库对象。主要方法有 OpenRecordSet、Excute、Close 等
RecordSet	数据操作返回的数据集对象。主要方法有 AddNew、Delete、Edit、FindFirst、FindLast、FindNext、FindPrevious、MoveFirst、MoveLast、MoveNext、Move-Previous、Requery 等
Field	记录中的字段对象
QueryDef	数据库查询信息对象
Error	错误信息对象

2. 利用 DAO 访问数据库

在 VBA 中，利用 DAO 访问数据库，首先要创建对象变量，再通过设置创建对象变量属性和调用方法来进行操作。下面给出其一般操作过程。

第 1 步：定义创建工作区。

```
Dimws as Workspace
Setws＝Dbengine. Workspace(0)
```

第 2 步：在工作区打开要操作的数据库。

```
Dimdb as Database
Setdb＝ws. OpenDatabase("数据库位置路径")
```

第 3 步：打开要操作的数据集。

```
Dimrs as RecordSet
Setrs＝db. OpenRecordSet("表或查询或 SQL 语句")
```

第 4 步：定义要操作数据集的列。

```
Dimfld as Field
Setfld＝rs. Fields("列名")
```

第 5 步：循环操作数据记录。

```
Do While notrs. Eof
    '当前行处理
    rs. MoveNext
Loop
```

第 6 步：关闭打开的对象。

```
rs. close
db. close
Setrs＝Nothing
Setdb＝Nothing
```

【例 7-7】 通过身份证号矫正病人表中病人的年龄。

```
Subup()
    Dimws As Workspace
    Setws＝DBEngine. Workspaces(0)
    Dimdb As Database
    Setdb＝ws. OpenDatabase("d:\医院管理 . accdb")
    Dimrs As Recordset
    Setrs＝db. OpenRecordset("select * from ? 倕¡ËË±í")
    Dim fld1 As Field
    Set fld1＝rs. Fields("年龄")
    Dim fld2 As Field
    Set fld2＝rs. Fields("身份证号")
    Do WhileNot rs. EOF
        rs. Edit
        fld1＝Year(Date)－Left(Right(fld2,12),4)
        rs. Update
        rs. MoveNext
    Loop
    rs. Close
    db. Close
    Setrs＝Nothing
    Setdb＝Nothing
End Sub
```

7.4.2 ADO 数据对象

ADO(ActiveX Data Object)是 Microsoft 数据库应用程序开发接口，是建立在 OLE

DB之上的高层数据库访问技术。要在VBA程序中使用ADO访问数据库，需要添加"Microsoft ActiveX Data Objects 6.1 Library"的引用，引用方法为在VBE窗口中通过"工具"菜单中的"引用"命令进行添加。

1. ADO 对象模型

ADO对象模型的主要对象如表7-12所示。

表 7-12　ADO 对象模型的主要对象

对象	说明
Connection	建立数据库的连接。主要方法有 Open
Command	发出操作命令。主要属性有 CommandText，主要方法有 Execute
RecordSet	返回的记录集。主要方法有 AddNew、Delete、Update、Find、MoveFirst、MoveLast、MoveNext、MovePrevious、Open、Close 等
Field	记录中的字段信息
Error	数据出错信息

2. 利用 ADO 访问数据库

利用ADO访问数据库，首先要定义ADO对象变量，设置连接参数建立连接后才能进行数据库数据的操作，完成操作后要关闭和回收对象。下面给出其一般操作过程。

第1步：定义连接对象，通过连接字符串打开数据库。

```
Dim con asADODB. Connection
con. Open   "连接字符串"
```

要连接到数据源，必须指定一个连接字符串。连接Access数据库的连接字符串一般样式为"Provider＝Microsoft. ACE. OLEDB. 版本号;Data Source＝数据库位置"。

第2步：打开要操作的数据集。

```
Dimrs as ADODB. RecordSet
rs. Open   SQL 语句,con,打开记录类型,记录锁定类型,命令源计算类型
```

第3步：定义要操作数据集的列。

```
Dimfld as ADODB. Field
Setfld＝rs. Fields("列名")
```

第4步：循环操作数据记录。

```
Do While notrs. Eof
    '当前行处理
    rs. MoveNext
Loop
```

第 5 步：关闭打开的对象。

```
re. close
con. close
Setrs＝Nothing
Set con＝Nothing
```

【例 7-8】 使用 DAO 对象，通过身份证号矫正病人表中病人的年龄。

```
Subup()
    Dim con As NewADODB. Connection
    con. Open "Provider＝Microsoft. ACE. OLEDB. 16. 0；Data Source＝d：\医院管理 . accdb"
    Dimrs As New ADODB. Recordset
    rs. Open "select ＊ from 病人表"，con，adOpenDynamic，adLockOptimistic，adCmdText
    Dim fld1As ADODB. Field
    Set fld1＝rs. Fields("年龄")
    Dim fid2As ADODB. Field
    Set fld2＝rs. Fields("身份证号")
    Do WhileNot rs. EOF
        fld1＝Year(Date)－Left(Right(fld2,12),4)
        rs. Update
        rs. MoveNext
    Loop
    rs. Close
    con. Close
    Setrs＝Nothing
    Set con＝Nothing
End Sub
```

附　　录

附录 A　常用函数

类型	函数名	函数格式	说明
算术函数	绝对值	Abs(＜数值表达式＞)	返回数值表达式的绝对值
	取整	Int(＜数值表达式＞)	返回数值表达式值的整数部分值，参数为负值时返回小于等于参数值的第一个负数
		Fix(＜数值表达式＞)	返回数值表达式的整数部分值，参数为负值时返回小于等于参数值的第一个负数
		Round(＜数值表达式＞[，＜表达式＞])	按照指定的小数位数进行四舍五入运算的结果。[＜表达式＞]是进行四舍五入运算小数点右边应保留的位数
	开平方	Sqr(＜数值表达式＞)	返回数值表达式值的平方根值
	符号	Sgn(＜数值表达式＞)	返回数值表达式的符号值。当数值表达式值大于 0，返回值为 1；当数值表达式值等于 0，返回值为 0；当数值表达式值小于 0，返回值为 −1
	随机数	Rnd(＜数值表达式＞)	产生一个 0~1 的随机数，为单精度类型。如果数值表达式值小于 0，每次产生相同的随机数；如果数值表达式大于 0，每次产生新的随机数；如果数值表达式等于 0，产生最近生成的随机数，且生成的随机数序列相同；如果省略数值表达式参数，则默认参数值大于 0
	三角正弦	Sin(＜数值表达式＞)	返回数值表达式的正弦值
	三角余弦	Cos(＜数值表达式＞)	返回数值表达式的余弦值
	三角正切	Tan(＜数值表达式＞)	返回数值表达式的正切值
	自然指数	Exp(＜数值表达式＞)	计算 e 的 N 次方，返回一个双精度数
	自然对数	Log(＜数值表达式＞)	计算以 e 为底的数值表达式的值的对数

续表

类型	函数名	函数格式	说明
文本函数	生成空格字符	Space(<数值表达式>)	返回由数值表达式的值确定的空格个数组成的空字符串
	字符重复	String(<数值表达>,<字符表达式>)	返回一个由字符表达式的第1个字符重复组成的指定长度为数值表达式值的字符串
	字符串截取	Left(<字符表达式>,<数值表达式>)	返回一个值,该值是从字符表达式左侧第1个字符开始截取的若干个字符。其中,字符个数是数值表达式的值。当字符表达式是 Null 时,返回 Null 值;当数值表达式值为 0 时,返回一个空串;当数值表达式值大于或等于字符表达式的字符个数时,返回字符表达式
		Right(<字符表达>,<数值表达式>)	返回一个值,该值是从字符表达式右侧第1个字符开始截取的若干个字符。其中,字符个数是数值表达式的值。当字符表达式是 Null 时,返回 Null 值;当数值表达式值为 0 时,返回一个空串;当数值表达式值大于或等于字符表达式的字符个数时,返回字符表达式
		Mid(<字符表达式>,<数值表达式1>[,<数值表达式2>])	返回一个值,该值是从字符表达式最左端某个字符开始,截取到某个字符为止的若干个字符。其中,数值表达式1的值是开始的字符位置,数值表达式2是终止的字符位置。数值表达式2可以省略,若省略了数值表达式2,则返回的值是从字符表达式最左端某个字符开始,截取到最后一个字符为止的若干个字符
	字符串长度	Len(<字符表达式>)	返回字符表达式的字符个数,当字符表达式是 Null 值时,返回 Null 值
	删除空格	Ltrim(<字符表达>)	返回去除字符表达式前导空格的字符串
		Rtrim(<字符表达>)	返回去除字符表达式尾部空格的字符串
		Trim(<字符表达>)	返回去除字符表达式之间空格的字符串
	字符串检索	Instr([<数值表达>],<字符串>,<子字符串>[,<比较方法>])	返回一个值,该[值是检索<子字符串>中最早出现的位置。其中,[<数值表达式>]为可选项,是检索的起始位置,若省略它,则从第一个字符开始检索。[,<比较方法>]为可选项,指定字符串比较的方法。值可以为 0、1 或 2,值为 0(默认值)做二进制比较,值为 1 做不区分大小写的文本比较,值为 2 做基于数据库中包含信息的比较。若指定比较方法,则必须指定数据表达式值

类型	函数名	函数格式	说明
文本函数	大小写转换	Ucase(＜字符表达式＞)	将字符表达式中的小写字母转换成大写字母
		Lcase(＜字符表达式＞)	将字符表达式中的大写字母转换成小写字母
日期／时间函数	截取日期分量	Day(＜日期表达式＞)	返回日期表达式日期的整数(1~31)
		Month(＜日期表达式＞)	返回日期表达式月份的整数(1~12)
		Year(＜日期表达式＞)	返回日期表达式年份的整数(100~9999)
		Weekday(＜日期表达＞)	返回1~7的整数。表示星期几
	截取时间分量	Hour(＜时间表达式＞)	返回时间表达式的小时数(0~23)
		Minute(＜时间表达式＞)	返回时间表达式的分钟数(0~59)
		Second(＜时间表达式＞)	返回时间表达式的秒数(0~59)
	获取系统日期和系统时间	Date()	返回当前系统日期
		Time()	返回当前系统时间
		Now()	返回当前系统日期和时间
	时间间隔	DateAdd(＜间隔类型＞，＜间隔值＞，＜表达式＞)	对表达式表示的日期按照间隔类型加上或减去指定的时间间隔值
		DateDiff(＜间隔类型＞，＜日期1＞，＜日期2＞[，W1][，W2])	返回日期1和日期2之间按照间隔类型所指定的时间间隔数目
		DatePart(＜间隔类型＞，＜日期＞[，W1][，W2])	返回日期中按照间隔类型所指定的时间部分值
	返回包含指定年月日的日期	DateSerial(＜表达式1＞，＜表达式2＞，＜表达式3＞)	返回由表达式1值为年、表达式2值为月、表达式3值为日而组成的日期值
	字符串转换日期	DateValue(＜字符串表达式＞)	返回字符串表达式对应的日期
SQL聚合函数	合计	Sum(＜字符表达＞)	返回字符表达式中值的总和。字符表达式可以是一个字段名，也可以是一个含字段名的表达式，但所含字段应该是数字数据类型的字段
	平均值	Avg(＜字符表达＞)	返回字符表达式中值的平均值。字符表达式可以是一个字段名，也可以是含有字段名的表达式，但所含字段应该是数字数据类型的字段

类型	函数名	函数格式	说明
SQL 聚合函数	计数	Count(＜字符表达＞)	返回字符表达式中值的个数，即统计记录个数。字符表达式可以是一个字段名，也可以是一个含有字段名的表达式，但所含字段应该是数字数据类型的字段
	最大值	Max(＜字符表达式＞)	返回字符表达式中值中的最大值。字符表达式可以是一个字段名，也可以是一个含有字段名的表达式，但所含字段应该是数字数据类型的字段
	最小值	Min(＜字符表达式＞)	返回字符表达式中值中的最小值。字符表达式可以是一个字段名，也可以是一个含有字段名的表达式，但所含字段应该是数字数据类型的字段
转换函数	字符串转换字符代码	Asc(＜字符表达式＞)	返回字符表达式首字符的 ASCII 值
	字符代码转换字符	Chr(＜字符代码＞)	返回与字符代码对应的字符
	转换函数	Nz(＜表达式＞[，规定值])	如果表达式为 Null，Nz 函数返回 0；对 0 长度的空字符串可以自定义一个返回值(规定值)
	数字转换成字符串	Str(＜数值表达＞)	将数值表达式转换成字符串
	字符串转换成数字	Val(字符表达式)	将数值字符串装换成数值型数字
程序流程函数	选择	Choose(＜索引式＞，＜表达式 1＞，＜表达式 2＞…[，＜表达式 n＞])	根据索引式的值来返回表达式列表中的某一个值。索引式为 1，返回表达式 1 的值，索引式值为 2，返回表达式 2 的值，以此类推。当索引式的值小于 1 或者大于列出的表达式数目时，返回无效值(Null)
	条件	Iif(条件表达式，表达式 1，表达式 2)	根据条件表达式的值决定函数的返回值，当条件表达式值为真时，函数返回值为表达式 1 的值；当条件表达式值为假时，函数返回值为表达式 2 的值

类型	函数名	函数格式	说明
程序流程函数	开关	Switch(＜条件表达式＞，＜表达式1＞[，＜条件表达式2＞，＜表达式2＞…[，＜条件表达式n＞，＜表达式n＞]])	计算每个条件表达式，并返回列表中第一个条件表达式为True时与其关联的表达式的值
消息函数	利用提示框输入	InputBox(提示[,标题][,默认])	在对话框中显示提示信息，等待用户输入正文，单击按钮，并返回文本框中输入的内容(String型)
	提示框	MsgBox(提示[，按钮、图标和默认按钮][，标题])	在对话框中显示消息，等待用户单击按钮，并返回一个Integer型数值，告诉用户单击的是哪一个按钮

附录 B　常用的宏操作命令

类型	命令	功能描述	参数说明
筛选/查询/搜索	ApplyFilter	在表、窗体或报表应用筛选、查询或SQL的WHERE子句，可限制或排序来自表、窗体及报表的记录	筛选名称：筛选或查询的名称作为条件；有效的SQL WHERE子句或表达式，用以限制表、窗体或报表中的记录控件名称：为父窗体输入与要筛选的子窗体或子报表对应的控件的名称或将其保留为空
	FindNextRecord	查找符合最近的FindRecord操作，或在"查找"对话框中指定条件的下一条记录。使用此操作可反复查找符合条件的记录	此操作没有参数
	FindRecord	查找符合指定条件的第一条或下一条记录	查找内容：要查找的数据，包括文本、数字、日期或表达式匹配：要查找的字段范围。包括字段的任何部分、整个字段或字段开头

类型	命令	功能描述	参数说明
筛选／查询／搜索			区分大小写：选择"是"，搜索时区分大小写，否则不区分 搜索：搜索的方向，包括向下、向上或全部搜索 格式化搜索：选择"是"，则按数据在格式化字段中的格式搜索，否则按数据在数据表中保存的形式搜索 只搜索当前字段：选择"是"，仅搜索每条记录的当前字段 查找第一个：选择"是"，则从第一条记录开始搜索，否则从当前记录开始搜索
	OpenQuery	在"数据表视图""设计视图"或"打印预览"中打开查询选择查询或交叉表查询	查询名称：要打开的查询名称 视图：打开查询的视图 数据模式：查询的数据输入方式，包括"增加""编辑"或"只读"
	Refresh	刷新视图中的记录	此操作没有参数
	RefreshRecord	刷新当前记录	此操作没有参数
	Requery	通过在查询控件的数据源来更新活动对象中的特定控件的数据	控件名称：要更新的控件名称
	ShowAllRecords	从激活的表、查询或窗体中删除所有已应用的筛选。可显示表或结果集中的所有记录，或显示窗体基本表或查询中的所有记录	此操作没有参数
系统命令	CloseDatabase	关闭当前数据库	此操作没有参数
	DisplayHourglass-Pointer	当执行宏时，将正常光标变为沙漏形状（或选择的其他图标）。宏执行完成后恢复正常光标	显示沙漏："是"为显示，"否"为不显示
	QuitAccess	退出 Access 时选择一种保存方式	选项：提示、全部保存、退出
	Beep	使计算机发出"嘟嘟"声。使用此操作可表示错误情况或重要的可视性变化	此操作没有参数

续表

类型	命令	功能描述	参数说明
数据库对象	GoToRecord	使指定的记录成为打开的表、窗体或查询结果数据集中的当前记录	对象类型：当前记录的对象类型 对象名称：当前记录的对象名称 记录：当前记录 偏移量：整型数据或整型表达式
	GoToControl	将焦点移到被激活的数据表或窗体的指定字段或控件上	控件名称：将要获得焦点的字段或控件名称
	OpenForm	在"窗体视图""设计视图""打印预览"或"数据表视图"中打开一个窗体，并通过选择窗体的数据输入与窗体方式，限制窗体所显示的记录	窗体名称：打开窗体的名称 视图：打开"窗体视图" 筛选名称：限制窗体记录的筛选 当条件：有效的 SQL WHERE 子句或 Access 用来从窗体的基表或基础查询中选择记录的表达式 数据模式：窗体的数据输入方式 窗口模式：打开窗体的窗口模式
	OpenReport	在"设计视图"或"打印预览"中打开报表或立即打印报表，也可以限制需要在报表中打印的记录	报表名称：限制报表记录的筛选；打开报表的名称 视图：打开报表的视图 筛选名称：查询的名称或另存为查询的筛选的名称 当条件：有效的 SQL WHERE 子句或 Access 用来从报表的基表或基础查询中选择记录的表达式 窗口模式：打开报表的窗口模式
	OpenTable	在"数据表视图""设计视图"或"打印预览"中打开表，也可以选择表的数据输入方式	表名：打开表的名称 视图：打开表的视图 数据模式：表的数据输入方式
	PrintObject	打印当前对象	此操作没有参数
宏命令	RunMacro	运行宏	宏名称：要运行的宏名称 重复次数：运行宏的次数上限值 重复表达式：重复运行宏的条件
	StopMacro	停止正在运行的宏	此操作没有参数
	StopAllMacro	终止所有宏的运行	此操作没有参数
	RunDateMacro	运行数据宏	宏名称：要运行的数据宏名称
	SingleStep	暂停宏的执行并打开"单步执行宏"对话框	宏名称：要运行的宏名称
	RunCode	运行 Visual Basic 的函数过程	函数名称：要执行的"Function"过程名称

类型	命令	功能描述	参数说明
宏命令	RunMenuCommand	运行一个 Access 菜单命令	命令：输入或选择要执行的命令
	CencelEvent	终止一个事件	此操作没有参数
	SetLocalvar	将本地变量设置为给定值	名称：本地变量的名称 表达式：用于设定此本地变量的表达式
窗口管理	MaximizeWindow	活动窗口最大化	此操作没有参数
	MinimizeWindow	活动窗口最小化	此操作没有参数
	RestoreWindow	窗口复原	此操作没有参数
	MoveAndSizeWindow	移动并调整活动窗口	右：窗口左上角新的水平位置 向下：窗口左上角新的垂直位置 宽度：窗口的新宽度 高度：窗口的新高度
	CloseWindow	关闭指定的 Access 窗口。如果没有指定窗口，则关闭活动窗口	对象类型：要关闭的窗口中的对象 对象名称：要关闭的对象名称 保存：关闭时是否保存对对象的更改
数据输入操作	SaveRecord	保存当前记录	此操作没有参数
	DeleteRecord	删除当前记录	此操作没有参数
	EditListItems	编辑查阅列表中的项	此操作没有参数
用户界面命令	MessageBox	显示包含警告信息或其他信息的消息框	消息：消息框中的文本 发嘟嘟声：是否在显示信息时发出嘟嘟声 类型：消息框的类型 标题：消息框中标题栏显示的文本
	AddMenu	可用自定义菜单、自定义快捷菜单替换窗体或报表的内置菜单或内置的快捷菜单，也可替换所有 Microsoft Access 窗口的内置菜单	菜单名称：所建菜单名称 菜单宏名称：已建菜单宏名称 状态栏文字：状态栏上显示的文字

类型	命令	功能描述	参数说明
用户界面命令	SetMenuItem	为激活窗口设置自定义菜单（包括全局菜单）上菜单项的状态	菜单索引：指定菜单索引命令索引：指定命令索引 子命令索引：指定子命令索引 标志：菜单项显示方式
	UndoRecord	撤销最近用户的操作	此操作没有参数
	SetDispalyed Categories	用于指定要在导航窗格中显示的类别	显示"是"为可选择一个或多个类别，显示"否"为可隐藏这些类别 类别：显示或隐藏类别的名称
	Redo	重复最近用户的操作	此操作没有参数

参考文献

[1]蔡润芹，董万归．Access 数据库应用[M]．北京：北京师范大学出版社，2020．

[2]教育部考试中心．全国计算机等级考试二级教程：Access 数据库程序设计[M]．北京：高等教育出版社，2020．

[3]王萍，张婕．Access 2016 数据库应用基础[M]．北京：电子工业出版社，2022．

[4]刘玉红，李园．Access 2016 数据库应用与开发[M]．北京：清华大学出版社，2017．

[5]策未来．全国计算机等级考试教程：二级 Access 数据库程序设计[M]．北京：人民邮电出版社，2021．

[6]白艳．Access 2016 数据库应用教程[M]．北京：中国铁道出版社，2019．